食用豆遥感测产理论与方法研究

张蕙杰　高懋芳　著

中国农业出版社
农村设备出版社
北　京

图书在版编目（CIP）数据

食用豆遥感测产理论与方法研究 / 张蕙杰，高懋芳著．—北京：中国农业出版社，2023.12
ISBN 978-7-109-31399-6

Ⅰ.①食…　Ⅱ.①张… ②高…　Ⅲ.①遥感技术—应用—豆类作物—作物监测—研究　Ⅳ.①S52

中国国家版本馆 CIP 数据核字（2023）第 218943 号

中国农业出版社出版
地址：北京市朝阳区麦子店街 18 号楼
邮编：100125
责任编辑：李　梅　刘佳玫
版式设计：杨　婧　　责任校对：吴丽婷
印刷：北京印刷集团有限责任公司
版次：2023 年 12 月第 1 版
印次：2023 年 12 月北京第 1 次印刷
发行：新华书店北京发行所
开本：787mm×1092mm　1/16
印张：6.5
字数：110 千字
定价：88.00 元

前　　言

本书系统全面阐述了食用豆遥感测产理论与方法研究，内容包括食用豆种植面积提取、长势监测、产量估算等，重点论述理论与应用相结合的方法，为相关领域的研究提供有力的支持和指导。

本书共有七章，第一章为绪论，介绍食用豆遥感监测的组成和发展历程，概述该领域的相关理论和方法；第二章详细阐述了食用豆遥感监测基础理论，包括遥感影像处理、特征提取、分类方法等方面的内容；第三章着重介绍食用豆遥感监测相关内容以及主要监测方法，包括食用豆遥感识别、长势监测、产量评估等方面的内容，本章还对不同监测方法的优缺点进行了分析和比较，为读者提供了科学的指导和决策支持；第四至六章分别以吉林白城、河北张家口和云南大理为例，介绍了绿豆和蚕豆遥感监测的实践与应用，详细阐述了以上地区的遥感监测方法和技术，并进行了实地验证和分析；本书最后一章为结论与展望，总结本项研究的主要结论和重要意义，并探讨了未来的重点方向与发展趋势，为相关领域的学者提供了参考。

前言

目录

第一章

绪　论

一、食用豆的定义和种类

食用豆是豆科植物中的一类，以干鲜籽粒为主要收获物，是全球主要粮食作物之一。我国是世界上食用豆种植大国，所种植食用豆种类主要包括普通菜豆、绿豆、小豆、蚕豆和豌豆等，种植面积常年维持在5000万亩①左右，其中小豆、蚕豆和豌豆的栽培面积和年产量均居世界首位，绿豆种植面积和年产量均居世界第二位。作为世界上食用豆种植类别最为丰富的国家，中国是全球最大的食用豆生产和出口国。

食用豆具有抗旱耐瘠、易于栽培管理和共生固氮等优良特性，因此成为禾谷类、薯类、棉花、幼龄果树等作物间作套种的理想选择和良好的前茬作物，同时也是优秀的农田填闲和灾后恢复作物[1]。食用豆在世界粮食组成和人类生活中占有重要地位，尤其在贫困地区，是蛋白质的主要来源[2]。

食用豆等杂粮在饮食消费需求中不可或缺。杂粮是改善居民膳食结构、促进营养健康的重要粮食品种，发展杂粮产业，有助于“健康中国”战略的实施。杂粮富含各种矿物质、微量元素和维生素，是公认的健康食物源[3]。中国营养学会发布的《中国居民膳食指南科学研究报告（2021）》指出，我国居民膳食结构以谷物为主，而谷物以精制米面为主，中国人全谷物和杂粮摄入不足，膳食不平衡，这与肥胖和慢性病发生有密切关系。

食用豆仍然是干旱半干旱、老少边穷地区的重要粮食作物，是老少边穷地区

① 亩为非法定计量单位，1亩约为667m^2。——编者注

促进扶贫开发、提高农民收益的重要经济作物。食用豆还是我国一些干旱、高寒、贫困地区的主要作物，这些地区通常也是贫困人口聚居区，食用豆是当地农民的重要经济来源。吉林白城绿豆、河北阳原鹦哥绿豆、岢岚红芸豆等都是国家地理标志保护产品，其生产行业是当地扶贫攻坚的重要产业。例如：2018 年，山西省岢岚县创建了以红芸豆为主的特色杂粮种植基地（园区）9.6 万亩，覆盖 141 个行政村（含 90 个贫困村），共带动农户 7923 户、20485 人，其中贫困户 3412 户、8854 人，户均增收 1690 元。

二、食用豆的重要性以及经济意义

食用豆营养丰富，蛋白质含量高，是植物蛋白的重要来源，且其营养丰富，不含胆固醇和麸质，脂肪含量低，是膳食纤维的重要来源，在联合国世界粮食计划署粮食援助战略的“食品篮”中占有一席之地，是世界上许多贫困地区改善饮食的主要食物。例如拉丁美洲食用豆人均年消费量为 13.3 kg，日均 36.4 g；非洲食用豆人均年消费量为 31.4 kg，日均 86.0 g（联合国粮食及农业组织数据）。此外，食用豆根部的根瘤中有固氮类细菌，为植物提供氮素，并可改善土壤肥力，有助于提高土壤微生物量和微生物活性，从而改善土壤生物多样性；食用豆也是生物多样性系统的重要组成部分，通过间作能够增加植物多样性，改善、形成有益于动物和昆虫的多样化景观；食用豆还有助于应对气候变化，因其具有广泛的遗传多样性，可从中选择适应气候变化的新品种，产生较小的碳足迹，间接地降低温室气体排放。因此，食用豆在解决粮食安全问题、确保健康和均衡饮食等方面发挥着关键作用，可推动农业和粮食生产的可持续发展。

鉴于食用豆的高营养价值和促进农业可持续发展的重要作用，2015 年联合国粮食及农业组织（联合国粮农组织）推出“国际豆类年”，第 68 届联合国大会宣布 2016 年为“国际豆类年”，旨在提高公众的豆类营养意识。基于“国际豆类年”活动的成功举办，以及豆类对推动实现 2030 年可持续发展议程目标的潜在作用，特别是对实现可持续发展目标的意义，联合国大会于 2019 年宣布每年 2 月 10 日为“世界豆类日”，持续提高公众对豆类的营养惠益、对实现 2030 年可持续发展议程目标以及发展可持续农业的贡献等方面的认识。2021 年 2 月 10 日，在“世界豆类日”特别庆祝活动上，联合国粮农组织总干事屈冬玉指出，豆类的售价高于其他主要农作物，为小农提供了种植经济作物的良好机会，同时也有利于实现环境和生物多样性目标。

近些年来，国外食用豆产业的迅猛发展给中国食用豆产业带来了冲击。世界食用豆产业发展较快，种植面积、总产量呈较快发展势头，贸易量更是连续20多年呈现年均24%的高增长率，特别是一些发达国家，食用豆生产量大且规模化程度较高，竞争力较强，对中国食用豆产业形成挑战，中国食用豆长期以来的传统优势生产、出口大国地位受到威胁[4]。

食用豆等杂粮在种植结构调整中起到重要作用，是我国种植业“调结构”“转方式”的重要替代作物。我国粮食高强度生产给生态环境、小农生计和人地关系带来了新的挑战。土地资源有限和水资源短缺是未来农业发展的瓶颈，农业要可持续发展，未来会更加关注高值、绿色、特色、多功能等农业或农业生产服务业的发展[5]。2015年，农业部印发的《关于“镰刀弯”地区玉米结构调整的指导意见》提出，到2020年底，调减“镰刀弯”地区玉米种植面积5000万亩左右，发展杂粮杂豆等特色作物。杂粮作为特色产业，在调整种植业结构中发挥着重要作用。

发展食用豆产业在改善居民食物结构、优化农业种植结构、保护生态环境、促进农业可持续发展等方面具有重要意义。食用豆作物由于长期的自然选择而具有耐寒、耐旱、耐瘠、生育期短、适应性强、适应范围广等特点，食用豆产区多分布于经济欠发达地区、少数民族聚居地区、边疆地区、贫困地区、革命老区等，实践证明，大力发展食用豆产业，对于确保这些地区的粮食安全、促进民族团结、维护边疆稳定具有十分重要的意义。这些地区经济发展比较落后，农业生产条件较差，不适宜水稻、小米、玉米等主流作物规模化生产，可大力发展食用豆产业，使之成为优势突出的特色产业，以促进地方经济社会发展。目前我国食用豆生产布局仍以东北、华北、西南、西北等经济欠发达地区为主，且保持上升趋势，说明食用豆具有较强的生态适应性，并随着脱贫攻坚和乡村振兴战略的实施，对欠发达地区的农业经济增长继续发挥着重要作用。我国食用豆生产集中度较高、发展较好的地区，资源禀赋优势和综合比较优势都相对较高，我国食用豆生产布局大多数符合比较优势原则，资源禀赋优势和综合比较优势都位于前列，蚕豆、豌豆育种领域发展较快，并已形成具有区域特色的产业发展模式。

从国内市场看，食用豆的价格一直高于大宗粮食的价格；从国际贸易看，食用豆一直是重要的出口创汇农产品。在吉林白城，绿豆是样本农户重要的经济收入来源，绿豆种植面积占实际使用耕地面积的平均比率为30%。在云南大理，出口量最大的是蚕豆，每年蚕豆总产量的2/3外销，剩下的1/3为本省的菜用和饲料用。大理农民种植蚕豆具有较高的收益和较好的比较效益，每亩可收获2.5吨鲜蚕豆，当季每亩鲜豆荚的产值是3000～4000元，每亩鲜蚕豆的产值是4000～5000元，而反季鲜蚕豆的产值为每亩4500～6000元，是当地农民主要的经济来源，并且相对小麦、玉米而言，蚕豆生产投入低，因此比较效益更高。蚕豆对发展当地的畜牧业也有好处，蚕豆豆荚和豆粒蛋白质含量高，茎、叶、秆蛋白质含量也可达到12%，广泛用于发展大理奶牛业。近年来，轻简、实用、高产的食用豆栽培技术研发也促进了食用豆产业对农村弱质劳动力的吸纳。例如，云南大理普及的蚕豆倒茬直播免耕技术，主要用在干旱地区，是农业中的轻简实用高产栽培技术，省工又省力，农村青壮年大都外出务工，老弱病残很容易学会该项技术，并用于蚕豆种植，年龄较大的农民成为当地蚕豆种植的主要劳动力。

三、监测食用豆的必要性

我国是一个传统的农业大国，近年来，国家更加重视农业现代化发展，大力倡导科学务农，提高农业生产技术水准，使得农业得到了长足发展。但与发达国家成熟的农业体系相比，我国农业正处于由粗放型生产向精准型生产的转型过渡期，与发达国家仍存在一定差距。由于农情监测与预警系统不够完善，洪涝灾害、病虫害等自然灾害频发，给我国农业发展造成了巨大损失，因此，及时、准确对作物进行分类识别，掌握各类作物的空间分布具有重要意义[6,7,8]。

目前，遥感技术正处于快速发展阶段，广泛应用于各领域，特别是在农业领域中取得了长足的进步[9]。传统的作物种植类型和种植面积信息统计主要以人工实地普查和抽样调查为主，虽然对局部信息统计较为准确，但是具有人力投入多、工作量大、作业周期长的缺点，由于时效性差，统计数据往往具有滞后性[10]。遥感技术通过不同卫星对地观测获取多时相、多波段光谱信息，而作物的光谱反射信息具有明显的规律性，受作物的类别、物候期以及长势情况变化影响，其光谱特征有所差异。充分利用光谱信息的差异为作物种植结构识别提供了一种新方法，克服了人力普查的缺陷。遥感技术因具有宏观性、时效性、动态性的特点，成为区域作物种植结构提取的重要途径，并在不同时空分辨率下的作物分类识别中发挥了重要作用[11][12]。近年来卫星遥感发展迅速，不同卫星搭载的各种类型的传感器产生了波段数量各异、时空分辨率不同的遥感影像数据，应用这些数据并结合机器学习领域的算法对大区域作物进行监测成为研究热点。

利用遥感监测食用豆能够提供时空连续的信息，跨越大范围地区实现对食用豆作物的动态监测和评估。遥感数据具备广覆盖性、高分辨率和多时相的特点，使我们可以获取大范围的食用豆种植面积和空间分布信息。此外，遥感技术还能够获取植被指数、叶面积指数、生长势等生物地理学参数，从而为食用豆的生长状况和产量进行精准估计和监测提供数据支持。遥感监测食用豆能够提供快速和经济的手段，以实现对大规模种植区域的监测。传统的野外调查方法费时费力，而遥感技术可以实现自动化、高效的信息提取和分析，大大缩短了数据获取和处理的周期。这为农业决策者、研究人员和相关机构提供了及时和可靠的决策支持，使其能够根据实时的监测结果制定合理的农业政策与资源配置方案。

农作物种植结构信息对于农业决策、规划和管理具有关键意义。然而，在我国农作物种类繁多、品种复杂且耕作制度存在巨大差异的情况下，传统的地面抽样调查难以准确获取相关数据。随着航天技术和信息化的快速发展，卫星遥感技术在精准农业领域得到了广泛应用，展现出巨大的潜力和显著的效益[13,14,15]。卫星遥感技术具有强大的时效性、广泛的监测范围以及数据客观真实的特点，可广泛应用于大范围农作物分类和面积估算，从而推动农业信息化建设，提升农业管理水平。

利用遥感技术进行食用豆的监测具有必要性，因为它提供了全面、高效和精准的信息获取方式，能够实现对食用豆的动态监测和评估。这为粮食安全管理、农业决策制定和农业可持续发展提供了重要的支持，有助于优化农业生产和资源利用，推动粮食供应的可持续性和稳定性。遥感技术能够获取食用豆种植的空间分布、生长状态和产量等关键信息，为农业决策者提供准确的数据支持，促进制定科学的种植策略和精细化的农业管理措施。

进一步深入研究和应用遥感技术以监测食用豆的种植和生长状态具有重要的学术价值和实践意义。通过不断改进遥感数据处理和分析方法，结合植物生理学知识和地理信息系统（Geographic Information System，简称 GIS）技术，可以实现对食用豆的精准识别、分类和监测。这将为农业决策者提供及时、可靠的信息，支持粮食安全管理和农业可持续发展的决策制定。此外，深入研究遥感技术在食用豆监测中的应用还有助于推动遥感技术在农业领域的发展，为精准农业和智能农业提供更加可靠、高效的工具。

综上所述，利用遥感技术来监测食用豆得到了学术界和实践者的广泛认可。遥感技术通过其高效性、全面性和精准性，为农业管理提供了强大的决策支持，促进了粮食安全和农业可持续发展的实现。进一步推动遥感技术在食用豆监测中的研究和应用，将为我们深入了解食用豆的种植情况、生长状态和产量变化提供重要的科学依据。同时，将为农业决策者提供准确的农作物信息，有助于优化种植管理、提高农业生产效率，并为实现粮食安全和可持续发展目标提供坚实的基础。

值得注意的是，进一步深入研究和在食用豆监测中应用遥感技术也面临一些挑战，例如，遥感数据的获取与处理、多光谱信息与植物生理参数的关联、遥感监测模型的精确性和可靠性等方面存在的问题。因此，需要不断加强相关研究，提升遥感技术在食用豆监测中的应用能力和精度，以更好地支持农业决策，促进精准农业的发展。综上所述，利用遥感技术监测食用豆在农业决策、粮食安全和可持续发展方面具有重要作用，同时在遥感技术的研究和应用领域也存在新的挑战和机遇。

四、监测食用豆方法的演变与更新

农作物识别是农情监测的初始阶段和关键步骤，从农业遥感技术诞生开始，诸多不同光学遥感数据被用于农情监测的相关研究。最开始研究的遥感数据源主要为光学遥感数据，其空间分辨率较低。如利用 MODIS 多时相数据，结合农作物的植被指数，将不同分类方法相结合进行大尺度水稻识别，提取种植面积，取得了较好的结果，表明 MODIS 数据的高时间分辨率在大尺度提取水稻面积上的应用达到了较好的效果[16]；Pan 等[17]利用 MODIS 植被指数的时间序列特性，构建了农作物种植面积指数模型，并利用 TM 影像求解参数，对北京通州及周边的冬小麦种植面积进行研究，提取结果达到较高的精度，结果表明 MODIS 植被指数的时间序列优势可以有效改善 TM 影像单时相和信息缺失的不足；FY-3AMERSI 数据[18]及 HJ-1A 数据[19]等也被广泛用于水稻、冬小麦识别与面积提取应用。同时，这些传感器数据的联合使用及各遥感数据源之间分类精度的比较也成为光学遥感作物识别应用研究的一个热点，如邬明权等[20]利用遥感数据时空融合技术，融合出具有 MODIS 时间分辨率和ETM+空间分辨率的影像，利用光谱角分类法进行水稻种植面积的提取，精度达到了 93%。Turker 等[21]分别采用 SPOT4、SPOT5、IKONOS 和 QuickBird 数据，并比较了这些数据在农作物识别与分类方面的精度。光学遥感数据的作物识别精度已达到较高水平，理论和技术也已经非常成熟，为实际的作物生产实践提供了实质性的帮助，为各国粮食安全的决策作出了贡献。梁益同等[22]利用 HJ-1A 影像计算冬小麦和油菜不同生长期的归化差异植被指数（Normalized difference Vegetation Index，NDVI）曲线，并通过实地调查冬小麦和油菜的光谱特征，根据油菜和冬小麦的物候特征选择最佳时相，利用最大似然分类法提取湖北省小麦和油菜的分布数据。结果表明，冬小麦和油菜两作物的 NDVI 曲线和物候特征在面积提取过程中起到至关重要的作用，能够较大地提高分类精度。近年来，卫星遥感技术的快速发展，新型传感器的问世，大大提高了遥感影像的质量，能够快速地获取更多信息，遥感影像也包含更多的地物信息，大大提高了农作物监测的精度。比如 SPOT/Landsat-8 高分辨率的遥感影像的应用，提高了农作物监测研究的效率；多时相、多源遥感数据以及不同空间分辨率数据结合应用，同时采用多种分类方法提取目标农作物信息，可以排除更多的干扰，具有更高的精度，是现在遥感技术在农作物监测研究上的热点。将光学遥感产品应用于作物识别和面积监测取得了显著成果，理论和技术都比较成熟，但是，由于地球上经常有大部分地域被云层覆盖，得到的光学遥感影像中大部分受到云雨天气的影响[23]，使得在实际应用中数据源无法保障，而雷达遥感与光学遥感相比，最大的优点在于可穿透云雨，且不依赖于太阳光，可全天时、全天候工作[24]。另外，光学遥感产品反映的是地物表面的光谱特征，但是同一作物具有不同的光谱特征或者不同作物具有相同的光谱特征的现象广泛存在，这大大限制了光学数据对地物的识别能力。雷达遥感信号主要与地物的结构特性和介电特性有关，而介电特性主要受含水量的影响，所以，在使用雷达遥感探测植被信息时，可获得异于光学遥感产品的影像；同时，由于雷达遥感的穿透性，监测植被时不仅对植被的表面信息有一定的反映，对植被的叶、茎、枝、干等信息也都有一定反映，能获得与光学遥感不同的地物信息[25]。早期雷达遥感作物识别应用由于受到技术、成本等条件的限制，多采用单波段、单极化影像作为数据源，主要数据类型有 ERS-1/2、JERS-1、RADARSAT-1 等单波段、单极化数据。与单极化、单时相数据相比，多极化、多时相雷达遥感数据源在植被分类与面积监测方面有更多的优势。诸多研究表明雷达影像不同的极化方式下地物后向散射系数也不相同。李坤等[26]利用不同的极化方式雷达数据及其组合进行作物分类研究，有效地提高了作物分类的精度。同时，不同极化方式之间的数学运算也可以作为作物分类的较好参数。郭交等[27]基于雷达数据的多时相散射特性变化提出了一种新的极化散射特征表示，提高了分类精度。化国强等[28]利用同时相全极化雷达数据，基于不同的极化方式条件下地物后向散射系数的不同，分别对水稻和玉米进行识别和面积提取，精度分别达到了 92%和 84%。

近年来，随着需求的提高、技术和理论的发展，诸多研究着眼于多数据源结合提高作物识别与面积监测的应用，多数据源的结合包括两方面的内容，即多源遥感数据的结合和遥感数据与非遥感数据的结合。光学遥感和微波遥感在地物识别方面表现出各自不同的特点，两者优势互补成为农业微波遥感应用趋势之一[29]。Blaes 等[30]分别用光学遥感、微波遥感、光学遥感与微波遥感数据结合三种方式比较了作物分类的精度，结果表明光学遥感和微波遥感数据相结合的方式得到了最佳的作物分类精度。在国内也有很多研究者利用多源遥感数据进行农业研究并取得了较大成就。贾坤等[31]将实验区资源环境卫星多光谱数据与 ENVISAT-ASAR 数据结合，充分利用了资源环境卫星数据的光谱信息和雷达数据 VV 极化数据对于地物结构敏感的特征，不但增强了不同地物之间的光谱差异，而且提高了作物分类精度。薛莲等[32]将 MODIS 和 ENVISAT 数据结合，先以 ENVISAT 数据分辨出水体与城镇，再以 MODIS 数据根据 NDVI 大小对植被进行分类，结果表明分类误差较小，达到了应用的要求。非遥感数据与遥感数据的结合在地面植被分类中也被广泛应用。如 Huang 等[33]在地面植被分类过程中，首先利用 DEM 高程数据将研究区非森林植被区分离出来，之后结合光学遥感数据和雷达数据对植被进行分类，分类精度达到了理想的效果。多源数据的结合有效地提高了作物识别的精度。

综上所述，目前对于农情监测大部分都是建立在 Landsat 数据、MODIS 数据、SPOT 数据和高分卫星数据等光学遥感数据和 RADARSAT 等雷达遥感数据基础上，Sentinel-1 和 Sentinel-2 作为近几年发射的对地观测系列卫星，不仅空间分辨率较高，且同属于Sentinel系列卫星，在不同传感器影像配准方面具有较大优势。

参考文献

[1] 程须珍，王述民．中国食用豆类品种志［M］．北京：中国农业科学技术出版社，2009.

[2] 盖钧镒，金文林．我国食用豆类生产现状与发展策略［J］．作物杂志，1994（4）：3-4.

[3] 柴岩，冯佰利．中国小杂粮产业发展现状及对策［J］．干旱地区农业研究，2003（3）：145-151.

[4] 郭永田，张蕙杰．中国食用豆产业发展研究［M］．北京：中国农业出版社，2015.

[5] 黄季焜．四十年中国农业发展改革和未来政策选择［J］．农业技术经济，2018，275（3）：4-15. DOI：10. 13246/j. cnki. jae. 2018. 03. 001.

[6] 张超，童亮，刘哲，等．基于多时相GF-1 WFV和高分纹理的制种玉米田识别［J］．农业机械学报，2019，50（2）：163-168+226.

[7] 张鹏，胡守庚．地块尺度的复杂种植区作物遥感精细分类［J］．农业工程学报，2019，35（20）：125-134.

[8] Liu C A，Chen Z X，Shao Y，et al. Research advances of SAR remote sensing for agriculture applications：A review［J］. Journal of Integrative Agriculture，2019，18（3）：506-525.

[9] Zhou Q B，Yu Q Y，Liu J，et al. Perspective of Chinese GF-1 high-resolution satellite data in agricultural remote sensing monitoring［J］. Journal of Integrative Agriculture，2017，16（2）：242-251.

[10] 曾志康，覃泽林，黄启厅，等．基于国产高时空分辨率卫星影像的作物种植信息提取研究［J]. 福建农业学报，2017，32（5）：560-567.

[11] Brown J C，Kastens J H，Alexandre C C，et al. Classifying multiyear agricultural land use data from Mato Grosso using time-series MODIS vegetation index data［J］. Elsevier Inc，2013，130.

[12] 韩衍欣．面向地块的农作物遥感分类方法研究［D］．北京：中国农业科学院，2018.

[13] 韩衍欣，蒙继华．面向地块的农作物遥感分类研究进展［J］．国土资源遥感，2019，31（2）：1-9.

[14] 张颖，何贞铭，吴贞江．基于多源遥感影像的农作物分类提取［J］．山东农业大学学报（自然科学版），2021，52（4）：615-618.

[15] Zhang Y，Wang D，Zhou Q B. Advances in crop fine classification based on Hyperspectral Remote Sensing［C］. International ConferenceonAgro-geoinformatics. 2019.

[16] 于文颖，冯锐，纪瑞鹏，等．基于MODIS数据的水稻种植面积提取研究进展［J］．气象与环境学报，2011，27（2）：56-61.

[17] Pan Y Z，Li L，Zhang J S，et al. Crop area estimation based on MODIS-EVI time series according to distinct characteristics of key phenology phases：a case study of winter wheat area estimation in small-scale area［J］. Journal of Remote Sensing，2011，15（3）：578-594.

[18] 武永利，赵永强，靳宁．单时相MERSI数据在冬小麦种植面积监测中的应用［J］．中国农学通报，2011，27（14）：127-131.

[19] 陈树辉，李杨，曾凡君，等．基于环境星的混合像元分解水稻面积提取［J］．安徽农业科学，2011，39（10）：6104-6106.

[20] 郧明权，牛铮，王长耀．利用遥感数据时空融合技术提取水稻种植面积［J］．农业工程学报，2011，26（增刊2）：48-52.

[21] Turker M，Ozdarici A. Field-based crop classification using SPOT4，SPOT5，IKONOS and QuickBird imagery for agricultural areas：a comparison study [J]. International Journal of Remote Sensing，2011，32（24）：9735-9768.
[22] 梁益同，万君．基于HJ-1A/B-CCD影像的湖北省冬小麦和油菜分布信息的提取方法 [J]．中国农业气象，2012，33（4）：573-678.
[23] Mao K B，Shi J C，Li Z L，et al. A physics-based statistical algorithm for retrieving land surface temperature from AMSR-E passive microwave data [J]. Science in China Series D：Earth Sciences，2007，50（7）：1115-1120.
[24] Hadria R，Duchemin B，Baup F，et al. Combined use of optical and radar satellite data for the detection of tillage and irrigation operations：Case study in Central Morocco [J]. Agricultural Water Management，2009，7（96）：1120-1127.
[25] 于君明，王世新，周艺，等．植被水分遥感监测研究综述 [J]．遥感信息，2008，(2)：97-102.
[26] 李坤，邵芸，张风丽．基于多极化机载合成孔径雷达（SAR）数据的水稻识别 [J]．浙江大学学报（农业与生命科学版），2013，37（2）：181-186.
[27] 郭交，尉鹏亮，周正舒，等．基于时变特征的多时相Pol SAR农作物分类方法 [J]．农业机械学报，2017，48（12）：174-182.
[28] 化国强，肖靖，黄晓军，等．基于全极化SAR数据的玉米后向散射特征分析 [J]．江苏农业科学，2011，39（3）：562-565.
[29] Liu L Y，Wang J H，Bao Y S，et al. Predicting winter wheat condition，grain yield and protein content using multi-temporal EnviSat-ASAR and Landsat TM satellite images [J]. International Journal of Remote Sensing，2006，27（4）：737-753.
[30] Blaes X，Vanhalle L，Pierre D. Efficiency of crop identification based on optical and SAR image time series [J]. Remote Sensing of Environment，2005，96（3-4）：352-365.
[31] 贾坤，李强子，田奕陈，等．微波后向散射数据改进农作物光谱分类精度研究 [J]．光谱学与光谱分析，2011，31（2）：483-487.
[32] 薛莲，金卫斌，熊勤学，等．基于MODIS和ENVISAT数据的湖北省四湖地区土地覆盖分类 [J]．应用生态学报，2010，21（3）：791-795.
[33] Huang S L，Christopher P，Robert Le C，et al. Fusing optical and radar data to estimate sagebrush，herbaceous，and bare ground cover in Yellowstone [J]. Remote Sensing of Environment，2010，114（2）：251-264.

第二章

食用豆遥感监测基础理论

一、遥感的简介

遥感（Remote Sensing，RS）即“遥远的感知”，泛指一切无接触的远距离的探测，是指利用各种传感器获取地球表面的信息而不直接接触物体的技术。从现代技术层面来看，“遥感”是一种应用探测仪器，使用空间运载工具和现代化的电子、光学仪器，探测和识别远距离研究对象的技术。通过传感器“遥远”地采集目标对象的数据，并通过对数据的分析来获取有关地物目标、地区、现象的信息。遥感技术包括从卫星、飞机、地面等不同平台获取影像、光谱、雷达、激光等数据，并将其应用于地理信息系统、地质勘探、环境监测、气象预报、农业等多个领域。遥感被描述为一套从高海拔（如卫星技术）到低海拔（如地面观测），以提高利用空间监测地球资源精度和准确性的技术。电磁频谱被用作遥感（可见光、红外线、热、雷达和微波）的基础，以评估其与地球特征的相互作用。在农业领域，遥感与一系列设备（包括田间传感器、无人机、机载激光雷达和雷达传感器，安装在轨道卫星上的相机、传感器等）[1][2][3]一起使用，遥感图像可以通过及时、重复提供地球表面的天气和成本效益高的信息来确定和监测地球表面的特征。遥感在农业的不同领域也有许多应用，如农业气象、冠层和土壤调查，作物产量，冰川、冰和海洋管理，地质勘察，土地利用和环境监测，侦察和防御[4][5][6][7]。由于空基平台和陆基平台既节省时间又使用有限，天基卫星图像在获取时空气象和作物状况信息方面更为重要，其信息用于传统方法的补充。

振动的传播被称为波，而电磁振动的传播则被称为电磁波。电磁波的频谱按照波长的长短，可以依次分为γ-射线、X-射线、紫外线、可见光、红外线、微波和无线电波。这些电磁波波长越短，能量越高，同时也表现出更弱的穿透性。在遥感探测中，我们利用电磁波在不同波段的特性来获取地球表面的信息。遥感所使用的电磁波覆盖了从紫外线、可见光、红外线到微波的光谱范围。每个波段都有不同的特性和应用。紫外线波段主要用于大气成分的探测和紫外光谱分析。利用可见光波段包括肉眼可见的光，用于获取地表物体的形态、颜色和纹理等信息。利用红外线波段可以提供更多的地表温度、植被健康状况和水分含量等方面的信息。微波波段常用于穿透云层和雾霾，获取地表高度、土壤湿度以及海洋表面特征等信息。通过利用不同波段的电磁波进行遥感探测，我们能够获取地球表面的丰富信息，揭示地表的特征和变化，对于环境监测、资源管理、农业、地质勘探等领域具有重要意义。

太阳作为一个电磁辐射源，释放出的光是一种电磁波。太阳光需要穿过地球的大气层才能到达地表。在穿过大气层时，太阳光会与大气层相互作用，包括被吸收和散射，从而导致穿过大气层的太阳光能量减弱。然而，大气层对太阳光的吸收和散射作用随着太阳光波长的变化而变化。在地表，物体会对太阳光构成的电磁波进行反射和吸收。由于每种物体具有不同的物理和化学特性，它们对不同波长的入射光的反射率也不同。物体对入射光反射的规律被称为物体的反射光谱，通过对反射光谱的测定可以获取物体的某些特征信息。

根据遥感的定义，遥感系统包括被测目标的信息特征、信息的获取、信息的传输与记录、信息的处理和信息的应用这五大部分。①目标物的电磁波特性。任何目标物体都具有发射、反射和吸收电磁波的性质，这是遥感探测的依据。②信息的获取、接收、记录。探测目标物体电磁波特征的仪器，称为“传感器”或者“遥感器”。如雷达、扫描仪、摄影机、辐射计等。③信息的接收。传感器接收目标地物的电磁波信息，记录在数字磁介质或者胶片上。胶片由人或回收舱送至地面回收，而数字介质上记录的信息则可通过卫星上的微波天线输送到地面的卫星接收站。④信息的处理。地面站接收到遥感卫星发送来的数字信息，记录在高密度的磁介质上，并进行一系列的处理，如信息恢复、辐射校正、卫星姿态校正、投影变换等，再转换为用户可以使用的通用数据格式，或者转换为模拟信号记录在胶片上，才能被用户使用。⑤信息的应用。遥感技术是一个综合性的系统，它涉及航空、航天、光电、物理、计算机和信息科学以及诸多应用领域，它的发展与这些科学也是紧密相关的。

当前，遥感形成了一个从地面到空中，乃至空间，从信息数据收集、处理到判读分析和应用，对全球进行探测和监测的多层次、多视角、多领域的观测体系，成为获取地球资源与环境信息的重要手段。为了提高对这样庞大数据的处理速度，遥感数字图像技术随之得以迅速发展。遥感技术已广泛应用于农业、林业、地质、海洋、气象、水文、军事、环保等领域。在未来的十年中，预计遥感技术将步入一个能快速、及时提供多种对地观测数据的新阶段。遥感图像的空间分辨率、光谱分辨率和时间分辨率都会有极大的提高，其应用领域随着空间技术发展，尤其是地理信息系统和全球定位系统技术的发展及相互渗透，将会越来越广泛。遥感在地理学中的应用，进一步推动和促进了地理学的研究和发展，使地理学进入一个新的发展阶段。遥感信息应用是遥感的最终目的。遥感应用则应根据专业目标的需要，选择适宜的遥感信息及工作方法进行，以取得较好的社会效益和经济效益。遥感技术系统是个完整的统一体，它建立在空间技术、电子技术、计算机技术以及生物学、地学等现代科学技术的基础上，各项技术是完成遥感过程的有力技术保证。遥感技术利用电磁波对地球表面进行探测和测量，是一种非接触式的信息获取方法。光谱是光的波长或频率在一定范围内的分布情况，光谱可以反映不同地物的物理、化学和生物特征。可见光谱仅占据了电磁波谱的极小部分，而地物的光谱特征主要表现在近红外、红外和微波等非可见光波段。

地物的光谱特征是由其物理、化学和生物特性决定的，包括反射、辐射、散射和吸收等过程。这些特征可以通过遥感技术获取和分析，进而反映出地物的类别和状态信息。例如，在可见光波段中，植物叶片主要反射绿光，因此我们看到的植物叶片大都呈现绿色。而在非可见光波段，不同类型的地物会呈现出不同的光谱特征。例如，植物叶片在近红外波段的反射率通常比较高，而水体在近红外波段的反射率比较低。在农业方面，利用遥感技术监测农作物种植面积、农作物长势信息，快速监测和评估农业干旱和病虫害等灾害信息，估算全球、全国和区域范围的农作物产量，为粮食供应数量分析与预测预警提供信息。遥感卫星能够快速准确地获取地面信息，结合地理信息系统和全球定位系统等其他现代高新技术，可以实现农情信息收集和分析的定时、定量、定位，客观性强，不受人为干扰，方便农事决策，使发展精准农业成为可能。遥感影像可通过地理空间数据云服务平台、中国资源卫星网站免费下载或订购的方式获取。在其平台即可查询到

高分一号、高分二号、资源三号等国产高分辨率遥感影像。

农业遥感基本原理：获取遥感影像，遥感影像的红波段和近红外波段的反射率及其组合与作物的叶面积指数、太阳光合有效辐射、生物量具有较好的相关性，通过卫星传感器记录的地球表面信息，来辨别作物类型，建立不同条件下的产量预报模型，集成农学知识和遥感观测数据，实现作物产量的遥感监测预报。同时又避免手工方法收集数据费时费力且具有某种破坏性的缺陷。

农业遥感精细监测的主要内容包括：①多级尺度作物种植面积遥感精准估算产品；②多尺度作物单产遥感估算产品；③耕地质量遥感评估和粮食增产潜力分析产品；④农业干旱遥感监测评估产品；⑤粮食生产风险评估产品；⑥植被标准产品集。

综上所述，利用遥感技术获取地物光谱信息可以帮助我们了解地球表面的物质组成和结构特征，从而更好地了解和管理自然资源。例如，在农业领域，我们可以利用植被指数等指标对植物生长状态和健康状况进行监测和评估，为精准农业和农业管理提供支持。在环境领域，我们可以利用遥感技术监测大气、水体和土地等环境要素的变化，为环境保护和可持续发展提供科学依据。

二、遥感的发展趋势

随着热红外成像、机载多极化合成孔径雷达、高分辨力表层穿透雷达和星载合成孔径雷达技术的日益成熟，遥感波谱域从最早的可见光向近红外、短波红外、热红外、微波方向发展，波谱域的扩展将进一步适应各种物质反射、辐射波谱的特征峰值波长的宽域分布。多种不同成像方式的卫星发射成功，大、中、小卫星相互协同，高、中、低轨道相结合，在时间分辨率上从几小时到18天不等，形成一个不同时间分辨率互补的系列。随着高空间分辨率新型传感器的应用，遥感图像空间分辨率从1 km、500 m、250 m、80 m、30 m、20 m、10 m、5 m发展到1 m，军事侦察卫星传感器可达到15 cm或者更高的分辨率。空间分辨率的提高，有利于分类精度的提高，但也增加了计算机分类的难度。高光谱遥感的发展，使得遥感波段宽度从早期的0.4 μm（黑白摄影）、0.1 μm（多光谱扫描）到5 nm（成像光谱仪），遥感器波段宽度窄化，针对性更强，可以突出特定地物反射峰值波长的微小差异；同时，成像光谱仪等的应用，提高了地物光谱分辨力，有利于区别各类物质在不同波段的光谱响应特性。同时，遥感不再局限于二维平面，机载三维成像仪和干涉合成孔径雷达的发展和应用，将地面目标由二维测量为主发展到三维测量。各种新型高效遥感图像处理方法和算法将被用来解决海量遥感数据的处理、校正、融合和遥感信息可视化。遥感分析技术从“定性”向“定量”转变，定量遥感成为遥感应用发展的热点。

除此之外，三维遥感、智能分析和机器学习以及实时监测和动态观测也成为现代遥感的发展趋势。三维遥感技术可以提供地表的高程和立体信息，有助于地形分析、城市建模和资源管理。通过融合多源数据，包括光学图像、激光雷达和雷达等，可以实现更精确的三维地图和模型构建。随着人工智能和机器学习的快速发展，遥感数据的智能分析能力将得到显著提升。自动化的图像解译、目标检测和变化监测等技术将大大加快数据处理和信息提取的速度和准确性。遥感技术将朝着实时监测和动态观测方向发展。通过利用高频率的遥感数据和卫星网络，可以实时追踪和监测地表的变化和事件，对自然灾害、环境污染等进行及时响应和管理。

三、遥感监测食用豆的优势

我国幅员辽阔，作物种类丰富，是个农业大国，农业生产是关系到各级政府、农业生产管理部门以及广大老百姓的大事。一方面，我国是一个农产品生产大国、消费大国和贸易大国。“三农”问题，特别是粮食生产状况是各级政府、农业生产管理部门、农产品购销与加工企业以及公众都关注的大事。农业信息是国家社会经济基础信息，关系到国计民生，对于制定国家和区域社会经济发展规划，以及农产品进出口计划，确保国家粮食安全，指导和调控宏观的种植业结构调整，提高相关企业与农民的经营管理水平均具有重要意义。另一方面，在经济全球化的今天，农业信息不仅是调控对策、决策的重要依据，而且可以带来巨大的商业利益，各国政府都力争通过各种手段尽早地获取农业有关信息。因此迅速全面可靠地掌握农业基础信息，可以有效提高农产品竞争力，实现粮食生产预警和贸易安全。

以往，农民通过实地观察对比得到农作物的生长发育、长势信息，进而对当年产量进行初步估算。地方政府部门通过实地调查和下级部门上报综合分析后可以掌握管辖行政区内农作物的生产情况，进而通过制定计划、采取相应措施和对策等调控手段指导农业生产。但是上述方法在小范围内获取农情信息比较容易，在大范围内应用却是非常困难的。不仅时效性差、人为影响比较大，信息的准确程度也无法保证。因此，如何及时、客观、准确地获取区域的、全国的农情信息成为我国农业信息科学工作者多年来钻研的课题。

目前监测全国农情最方便、经济、及时的手段就是遥感技术。遥感技术作为地球信息科学的前沿技术，具有客观、及时的特点，可以在短期内连续获取大范围的地面信息，用它作为监测农情的手段具有得天独厚的优势：①遥感信息具有客观性。遥感信息是利用遥感资料，按照一套科学的标准化、规范化的操作流程生成的，因而具有客观性。与其他一些信息相比，遥感信息受人为因素的干扰较小，可反映数据的本来面目。②遥感信息的生成速度快，往往可以快速更新，成本低，具有现势性。遥感信息的生成（如作物面积和产量数据的获取）是以室内操作（遥感数据处理、数据分析、模型模拟运算）为主，与其他一些种类的信息依赖耗费大量时间、人力、财力的调查统计不同的是，可以大幅降低成本。③遥感农情信息的信息量更丰富。由于遥感信息在时间和空间上的连续性，使得遥感信息可以方便地进行时间上和空间上的对比分析。由于可以获得时间系列的遥感信息，为进行预测提供了可能。遥感信息是“面”信息，既能反映地物的宏观特性，又能反映地物的微观差异。作物信息遥感提取是遥感技术在农业领域应用的重要内容，可以实现农业信息的快速收集和定量分析，反应迅速，客观性强，是实现决策科学化的基本手段，尤其近年来高空间分辨率、高光谱、雷达等遥感技术的发展，为农业现代化管理提供了新的机遇。

大尺度作物遥感监测，是指在区域、国家或全球尺度上对大宗作物，如小麦、玉米、水稻、棉花、大豆等的遥感监测，包括作物类型识别、种植面积提取、长势评估和产量预测等。美国、欧盟各国等都分别建成了农业遥感监测的运行化系统，监测本国本地区乃至全球的农业信息。我国从 1986 年起把农作物的遥感监测与估产列为重要的研究课题，经过二十年的努力，我国在农作物遥感估产方面取得了长足的进步，目前已初步建成自己的运行体系。

遥感被广泛运用于收集农业和农学时间和空间上的信息。基于这些信息，相关研究人员可以在空间上识别生产和生产力变化较大的区域，并针对这些变化作出适当的决策[8][9]。2010年，中国启动了具有里程碑意义的“高分辨率地球观测系统”计划，这是国家科技发展中长期计划（2006—2020年）的16个重点项目之一，旨在开发基于卫星、飞机和飞艇的先进地球观测系统，并建立地球观测地面支持系统（2015年冬）。该计划包括7种不同类型的高分辨率地球观测卫星，有助于农业监测，并为农业部门提供强有力的空间数据支持。

四、食用豆遥感监测基础理论

高光谱遥感基于光谱学基础，利用多个电磁波段在目标物上获取相关光谱信息进行遥感分析[10]。吸收、反射和透射三个过程描述了入射辐射、叶片生化成分和冠层生物物理性状之间的相互作用。在分析植被特征的研究中，一般采用380～2500 nm的反射光谱，因为绿色植被的大部分吸收特征都位于这一光谱区域[11]，可大致分为三个光谱部分：可见光区域（380～700 nm，VIS），主要吸收物质为叶片光合色素，如叶绿素、类胡萝卜素和花青素；近红外区域（700～1300 nm，NIR），主要是在叶片和冠层尺度上发生的散射，受叶片结构、叶面积指数（Leaf Area Index，LAI）和植物密度等因素的驱动；短波红外区域（1300～2500 nm，Short Wavelegth-Red，SWIR），主要吸收物质为水、木质素、纤维素和蛋白质。

陆地表面的植被常常是遥感观测和记录的第一表层，是遥感图像反映的最直接信息。我们可以通过遥感提供的植被信息及其变化来提取与反演各种植被参数，监测其变化过程与规律。早期的植被遥感主要集中在植被和土地覆盖类型的识别分类上。之后逐步转向专题信息的提取与表达，如植被指数、参数等。随着定量遥感的逐步深入，植被遥感研究向实用化、定量化的方向发展，建立了多种植被遥感模型定量反演地表植被参数（生物物理参数和生化组分等）及其与地表生态环境参数的关系，以提高植被遥感的应用精度，并深入探讨植被在地表物质能量交换中的作用。

植被遥感，一依赖于植被，二依赖于遥感，因此需要了解植被生理和遥感机理。从植被角度来看，植被遥感主要基于植被与光（辐射）的相互作用，而植被冠层的形状大小和空间结构是比较复杂的，不同种类的植被冠层的叶片大小、形状和密度均不相同。因此在植被遥感中，很多时候我们会对植被的叶片、冠层结构做一些简化，如将叶片简化成简单几何形状，将冠层分层处理，甚至将单独一株树看作某个简单几何体。从遥感原理角度来看，在可见光近红外区域内，近红外波段对于植被遥感有重要作用，因叶片内部的结构影响，植被在近红外区域的反射极为明显；植被的发射特征主要表现在热红外波段和微波波段，植被的理化反应和结构会对其发射能量造成影响。

遥感图像上的植被信息主要通过绿色植物叶子和植被冠层的光谱特性及其差异、变化反映。而不同的光谱通道所获得的信息各不相同，也具有一定的相关性，在不同波段的光谱信息受叶内不同结构（如叶绿素、细胞结构）和叶片状态（如含水量）等条件控制。因此，对于复杂的植被遥感，我们常常利用多光谱遥感数据进行分析运算（加、减、乘、除等线性或非线性组合方式）产生某些对植被长势、生物量等具有一定指示意义的数值，即植被指数。目前利用遥感数据反演植被生物物理、生物化学参数，主要采用物理模型、经验模型和半经验模型三种方法。①物理模型遵循遥感系统的物理规律，优点是可以建立因果关系，如果初始的模型不好，通过加入最新的知识信息就可以知道该在哪部分改进模型，缺点是建立模型的过程漫长而曲折。②经验模型基于陆地表面变量和遥感数据的相互关系构建变量之间的模型，优点在于容易建立，并且可以有效地概括从局部区域获取的数据，缺点是拓展后的模型一般都是有地域局限性的，不能解释因果关系。③半经验模型（混合模型）是统计模型与物理模型结合的混合。

由于物理模型具有因果关系和数学物理基础，是目前研究的主要方向。物理模型有四个主要的分类：辐射传输模型、几何光学模型、混合模型以及半经验的核驱动模型。①辐射传输模型，顾名思义，即考虑叶片对于光的散射、反射等因素，根据实际的物理条件建立模型。考虑到树木冠层和叶片结构的复杂性和多样性，常用的方法是将冠层分层后，建立一些参数来表征叶面积等参数与冠层厚度的关系（使用这些参数来简化复杂的物理过程），并使用这些参数建立辐射传输模型。②几何光学模型即从遥感像元的观测尺度出发，将像元视场的总亮度，看作是阴影面和承照面亮度的加权之和。上述两种方法各有优缺点。辐射传输模型的优点是能考虑多次散射作用；缺点是只能得到数值解，难以得到植被结构和双向反射分布函数（Bidirectional Reflectance Disitribution Function，BRDF）之间明细的表达式。几何光学模型的优点是适用于不连续植被以及粗糙表面；缺点是没有考虑多次散射。因此，人们提出了几何光学辐射传输混合模型（Geometric Optical Radiation Transmission，GORT）。由于几何光学模型和辐射传输模型分别在不同的尺度上具有各自的优势，充分利用几何光学模型在解释阴影投射面积和地物表面空间相关性上的基本优势，在 GORT 模型的基础上，用辐射传输方法求解多次散射对各面积分量亮度的贡献，分两个层次来建立光照面与阴影区反射强度的辐射传输模型，并以模型联系二者，发展了几何光学辐射传输混合模型 GORT。

食用豆遥感监测是利用遥感技术对食用豆种植区域进行无接触式的监测和评估，具有重要的学术意义和实践价值。该监测方法通过获取遥感影像数据和提取食用豆的光谱、生理和空间特征，实现对其种植面积、生长状态和产量等信息的获取和分析。食用豆遥感监测为粮食安全管理、农业决策制定和资源管理提供了重要的支持，可以促进农业可持续发展和优化农业生产。尽管食用豆遥感监测取得了显著进展，仍需要进一步研究和改进，提高其准确性、精度和实用性，以满足农业管理和决策的需求。因此，食用豆遥感监测是一个具有潜力和前景的研究领域，对于推动农业现代化和精准农业发展具有重要的学术价值和实践意义。

参考文献

[1] 陈仲新，任建强，唐华俊，等．农业遥感研究应用进展与展望［J］．遥感学报，2016，20（5）：748-767.

[2] 史舟，梁宗正，杨媛媛，等．农业遥感研究现状与展望［J］．农业机械学报，2015，46（2）：247-260.

[3] 赵一鸣，李艳华，商雅楠，等．激光雷达的应用及发展趋势［J］．遥测遥控，2014，35（5）：4-22.

[4] 赵春江．农业遥感研究与应用进展［J］．农业机械学报，2014，45（12）：277-293.

[5] 张竞成，袁琳，王纪华，等．作物病虫害遥感监测研究进展［J］．农业工程学报，2012，28（20）：1-11.

[6] 安立强．基于遥感数据的地震极灾区快速评估［D］．北京：中国地震局工程力学研究所，2022.

[7] 张达，郑玉权．高光谱遥感的发展与应用［J］．光学与光电技术，2013，11（3）：67-73.

[8] Atzberger C. 2013. Advances in remote sensing of agriculture，Context description，existing operational monitoring systems and major information needs［J］. Remote Sensing，5，949-981.

[9] 唐华俊，吴文斌，余强毅，等．农业土地系统研究及其关键科学问题［J］．中国农业科学，2015，48（5）：900-910.

[10] 童庆禧，张兵，张立福．中国高光谱遥感的前沿进展［J］．遥感学报，2016，20（5）：689-707.

[11] 方红亮，田庆久．高光谱遥感在植被监测中的研究综述［J］．遥感技术与应用，1998（1）：65-72.

第三章

食用豆遥感监测相关内容以及主要监测方法

一、遥感监测作物的理论基础

（一）光学遥感基础

农作物的反射光谱特性是遥感技术提取农作物种植结构的物理基础之一。类似于其他绿色植被，农作物在可见光的蓝光和红光波段中表现出两个明显的吸收带，反射率较低；而在这两个吸收带之间的可见光绿光波段则呈现出一个明显的反射峰；而在近红外波段范围内，农作物的反射率达到高峰，形成其独特的植被特征。在中红外波段（1.3～2.5 μm），由于绿色植物中含水量的影响，吸收率大幅增加，反射率大幅下降，从而在水吸收带形成低谷[1]。然而，这些光谱特征常常因农作物类型、生长季、生长状态以及田间管理等因素而存在差异。因此，科学合理地利用农作物光谱特征差异，对于实现不同农作物遥感提取具有关键的作用。

农作物遥感识别的特定理论基础在于对农作物的时相特性进行研究。农业土地系统往往由多种农作物通过不同的种植模式（如连作、轮作、间种和套种）组合形成种植结构。然而，受“同物异谱”和“异物同谱”现象以及混合像元效应等因素的影响，仅依靠光谱特征进行农作物遥感识别难以取得理想的效果，尤其是相较于自然植被（如林地和草地）[2]。因此，不同农作物的典型季相节律特征成为区分农作物不同类别以及区分农作物和其他绿色植被的关键理论依据。不同农作物具有不同的生长规律和物候特征，因此，即使是同一生长期内的不同农作物，其光谱特征也存在差异。

农作物遥感识别的重要理论基础是农作物的空间特征。空间特征包括地形、地貌、水文、植被等自然要素在遥感影像中所呈现的地物特征。除了本身的属性特征，农作物和植被所处的生态环境也各不相同，它们在影像中展现的纹理特征、结构特征、几何特征以及上下文层次特征等各有差异。因此，充分利用农作物的这些空间特征可以实现不同农作物类别的区分，以及对农作物与绿色植被的区分。随着图像处理技术的快速发展，空间特征已成为辅助光谱特征和时相特征用于农作物遥感提取的重要手段。特别是在抑制“同物异谱”现象方面，空间特征发挥了显著的作用。通过分析农作物在影像中的空间分布、形态特征、相互关系以及与周围环境的关联等信息，可以提高农作物识别的准确性和可靠性。利用空间特征进行农作物遥感识别具有重要的意义：①空间特征可以提供更丰富的信息，丰富了农作物识别的特征空间，增强了分类算法的区分能力。②空间特征能够捕捉农作物与其生境的相互作用，揭示农作物与环境因素之间的关系，有助于理解农作物生长的空间分布规律和适应策略。③充分利用空间特征可以提高农作物遥感识别的稳定性和鲁棒性，使其在不同地区、不同时间的遥感影像中都具有较好的适应性和准确性。农作物的空间特征是农作物遥感识别的重要理论基础，应予以充分研究和利用。结合光谱特征、时相特征和空间特征，可以提高农作物识别的精度和效果，为农业生产和土地管理提供准确可靠的信息支持。

（二）植物生理学基础

植物生理学是研究植物在生理、形态和生态方面的基本原理和过程的学科。在作物监测中，深入了解其生理学的基本原理对于解释遥感数据与作物状态之间的关系至关重要。通过对其植物生理学的研究，我们可以理解作物的生理过程，以及生态环境对作物的影响，从而更好地解释遥感数据的观测结果。

在作物监测中，作物的生理参数与遥感数据之间存在着密切的联系，这为作物生长状态的评估和监测提供了重要的信息。光合作用是植物将光能转化为化学能的关键过程，与作物的生长状况和光能利用效率密切相关。遥感数据可以提供作物反射和辐射能量的信息，通过分析这些能量数据，可以推测出作物的光合作用强度和光能利用效率。另外，叶绿素含量是衡量作物光合能力的重要指标之一，而遥感数据可以通过反射光谱特征来估算叶绿素含量，进而揭示作物光合能力的变化。此外，作物的叶面积指数、水分利用效率等生理参数也可以通过遥感数据进行估算和监测。

叶绿素含量和叶面积指数是作物监测中重要的植物生理参数。叶绿素是植物光合作用的关键色素，反映了植物的光合能力。叶面积指数则是反映作物叶片总面积的指标，与作物的生长状况和光能利用能力密切相关。遥感数据中的光谱信息能够提供作物对不同波段光的反射率，而这些反射率与植被的叶绿素含量和叶面积指数之间存在着特定的关系。通过分析这些关系，可以推测出作物的叶绿素含量和叶面积指数，从而评估作物的生长状态、光合能力和生理健康状况。这种基于遥感数据的估算方法具有广泛的适用性和高效性，为大范围作物监测和农业管理提供了一种快速而准确的手段。

此外，水分利用效率也是作物监测中的一个重要生理参数，它反映了作物在利用水分进行光合作用时的效率和适应能力。遥感数据能够提供土壤水分和植被生长状态的信息，包括植被指数和热红外遥感数据等。通过分析遥感数据与水分利用效率之间的关联，可以评估作物的水分利用效率，从而了解作物的抗旱能力和生长状况。通过对遥感数据和作物水分利用效率的综合分析，农业决策者可以及时调整灌溉方案，合理利用水资源，从而提高作物的水分利用效率，促进农业的可持续发展。因此，利用遥感数据来评估作物的水分利用效率具有重要的学术价值和实践意义，为农业生产的节水管理和农业水资源的合理利用提供科学依据，同时也有助于提高农作物的抗旱能力和农业的生产效益。

通过深入研究植物生理学的基本原理，我们可以更好地理解遥感数据所反映的作物生理过程和变化。这种基础知识的运用可以帮助解释遥感数据与作物状态之间的关系，提高作物监测的准确性和可靠性。同时，结合植物生理学的知识，可以发展出更精确、更全面的遥感指标和模型，为农业决策提供更准确、可靠的数据支持。通过将遥感数据与植物生理学的基本原理结合起来，可以实现对作物的生长状态、生理特征和生态环境的综合分析。例如，通过遥感数据获取的光谱信息与植物生理学参数之间的关联可以用于估计作物的叶绿素含量、叶面积指数和光合作用强度，从而评估作物的健康状况和生长潜力。此外，结合遥感数据和植物生理学知识，可以研究作物对水分利用的效率、对氮素吸收的能力，以及病虫害对作物的影响等，进一步提高作物监测的精度和准确性。利用遥感进行作物估产的核心在于提供全面的、实时的作物信息，为农业发展和粮食安全提供决策支持。通过遥感监测作物，决策者可以及时获得作物的空间分布、生长状态和产量情况等关键信息，从而制定合理的农业管理策略，制订合理的资源配置方案。遥感技术的广覆盖性和高时空分辨率使得大范围、大面积的作物监测成为可能，为农业可持续发展和精细化管理提供了重要的技术支持。

综上所述，利用遥感进行作物估产的核心在于结合植物生理学的基本原理，通过分析遥感数据与作物生理特征之间的关联，实现对作物生长状态、健康状况和产量的准确估计。这种综合分析为农业决策提供了可靠的数据支持，促进了农业可持续发展和精细化管理的实现。

（三）地理信息系统的基础

地理信息系统（Geographic Information System，GIS）是一种强大的技术工具，在作物监测中发挥着关键的作用。GIS 具备处理和分析遥感影像数据的能力，同时可以将遥感数据与其他地理数据集进行整合，从而获取有关作物的空间分布、面积、变化等关键信息。通过 GIS 的空间分析功能，可以实现对作物的分类、变化检测和产量估计等操作，为农业决策提供有效的支持。通过 GIS 的数据集成和分析功能，可以更好地理解作物的空间分布特征、与环境因素的关联以及作物之间的相互作用。此外，GIS 还能够提供空间可视化工具，将作物监测结果以地图形式展示，便于决策者进行直观的分析和理解。

通过 GIS 的空间分析功能，利用遥感数据中的光谱特征和纹理信息，结合 GIS 工具的分类算法，可以实现对不同类型的作物进行准确的识别和分割从而对作物的遥感影像进行精确的分类和区分。GIS 还可以进行作物的变化检测，通过比较不同时间点的遥感影像，来分析作物的生长状态、季节性变化以及可能的损失情况。利用 GIS 的空间分析，可以有效监测作物的空间分布、面积变化和产量估计，为农业决策和规划提供重要的信息。此外，GIS 还能够将作物监测结果与其他地理数据集集成，例如，土壤类型、气候数据等，以获得更全面的作物管理和决策支持。

GIS 还可以用于作物的面积估计和产量预测。通过将遥感数据与地理信息数据集（包括土地利用数据、地形数据、气象数据等）结合，可以建立作物生长模型，并进行面积估计和产量预测。GIS 的空间分析功能可以将作物的分布和生长状况与其他地理要素进行关联分析，例如，土壤类型、水资源分布、气候条件等，从而更准确地评估作物的生长潜力和产量水平。通过 GIS 的空间统计和建模技术，可以考虑不同地理因素对作物生长的影响，预测作物的产量并优化农业管理策略。GIS 还可以提供空间可视化工具，将作物的面积和产量分布以地理信息的形式呈现，帮助农业决策者和利益相关方更好地理解和分析作物的空间分布和产量变化情况。

总之，GIS 在作物监测中发挥着重要的作用。通过整合和分析遥感数据与其他地理数据集，GIS 可以提取和分析作物的空间信息，实现作物的分类、变化检测、面积估计和产量预测等操作。这为农业决策提供了有力的支持，帮助实现作物的精细化管理和农业可持续发展。

（四）总结

遥感监测作物的理论基础包括光学遥感原理、植物生理学基础以及 GIS 与空间分析等领域的知识。光学遥感原理涉及遥感传感器对地表反射和辐射的测量与解释，通过光谱特征分析、光谱指数计算等方法，可以获取作物的光谱信息和光合作用参数。植物生理学基础研究探索植物在生理、形态和生态方面的基本原理和过程，了解植物生理参数与遥感数据之间的关联，如光合作用、叶绿素含量、叶面积指数和水分利用效率等。GIS 与空间分析是整合地理空间数据进行空间分析和建模的技术，通过将遥感数据与其他地理数据集结合，实现对作物的空间分布、面积和变化等信息的提取和分析。

这些基础理论的应用和结合为遥感监测作物提供了强大的分析工具和理论支持。通过光学遥感原理，可以获取高光谱和多光谱影像数据，提取作物的光谱特征，进而实现作物的分类和识别。植物生理学基础的应用使得从遥感数据中推断作物的生理状态和健康状况成为可能，如光合能力、水分状况和养分吸收情况。而 GIS 与空间分析技术能够将遥感数据与其他地理信息数据集成，实现作物的空间分布分析、面积估算和变化监测。

综合运用光学遥感原理、植物生理学基础知识和 GIS 与空间分析等理论基础知识，可以更全面、准确地理解和解释遥感数据与作物状态之间的关系。这种综合应用可以实现对作物的识别、监测和评估，为农业决策提供重要的支持。通过遥感监测数据，决策者可以获取作物的种植结构信息，从而进行精准农业规划和管理，优化农业生产布局，提高资源利用效率，促进农业可持续发展。

二、农作物识别研究的进展

近年来，遥感农作物的识别研究取得了显著进展。高分辨率遥感影像结合机器学习算法，提升了农作物的自动化识别和分类能力。传统的基于光谱特征的方法发展出了多源遥感数据和多特征融合的技术，如结合光谱、纹理、形状和空间关系等特征，能有效提高农作物识别的准确性和稳定性。

遥感农作物识别研究还涉及多时相数据的应用。通过利用多时相遥感影像，可以监测农作物的生长变化、季节性变异和异常情况。时间序列分析、时序分类和变化检测等方法也被广泛应用于农作物的生长监测和灾害评估。

将深度学习技术利用在农作物识别方向上也取得了重要进展。卷积神经网络（Convolutional Netural Networks，CNN）等深度学习模型能够从大规模遥感影像中自动学习特征表示，实现对农作物的精确分类。此外，迁移学习、强化学习和生成对抗网络等新兴技术也被应用于农作物识别研究中，进一步提高了识别的精度和鲁棒性。

农作物识别研究还面临一些挑战，如遥感数据的质量不足、时空分辨率的限制、多样性农田的复杂性等。因此，未来的研究方向包括进一步改进和优化算法模型，提高农作物识别的准确性和稳定性；开发新的传感器和遥感技术，提供更丰富的数据来源；整合多源数据和多尺度数据，实现对农作物的全面监测和评估。

很多学者尝试利用不同时空分辨率的遥感数据来获取农作物空间分布信息。近年来，随着卫星平台的不断更新和数据共享模式的成熟，遥感信息提取进入前所未有的遥感大数据时代。根据不同空间分辨率遥感影像不同的应用领域，农作物空间分布信息提取方法可归纳为基于时间序列的空间分辨率影像法、基于多时相高空间分辨率遥感影像法和基于高空间分辨率遥感影像法。

（一）单一影像/特征量识别法

基于单一遥感影像进行特征提取是农作物遥感识别常用的方法。该方法适用于农作物种植结构相对简单的区域，采用单期影像或少数几期影像即可实现农作物种植结构提取。该方法的重点是找到不同作物的“关键物候期”，即寻找待分作物的光谱特征与背景光谱特征具有最大差异的特定时期。郑长春等[3]以黑龙江852农场为研究区域，选取了2007年8月23日的SPOT影像，此时期属于水稻生长旺期，水稻、大豆、玉米的光谱特征与背景特征差异明显，利用该时期作物在光谱波段及归一化植被指数中呈现的特定光谱特征，基于简单决策树分类器提取了水稻、小麦和玉米三大作物组成的种植结构信息。贾坤等[4]等将2009年5月12日的HJ-1B CCD多光谱影像与2009年5月8日的Envisat ASAR VV极化数据进行融合，融合后的数据充分利用了环境星的光谱信息和VV极化数据对于地物结构敏感的特征，显著提高了研究区小麦和棉花作物的识别精度。Mathur等[5]利用2003年9月22日IRS-1D影像的光谱单波段特征量，采用支持向量机分类器提取出了印度旁遮普区域棉花和水稻两大农作物的空间分布。基于相同的识别特征量和分类器，Jia等[6]选取2009年3月28日HJ-1A CCD2、4月26日HJ-1B CCD2和5月12日HJ-1B CCD1等3期影像得到山东省运城市主要农作物的最佳识别物候期，成功提取了该区域小麦和棉花的种植面积。

虽然基于单一影像的农作物遥感提取方法效率高、操作性强，但也存在明显的不足。首先，该方法多采用光谱识别强的中高空间分辨率遥感数据，然而中高空间分辨率数据重访周期长，受云雨天气的影响，往往难以获得农作物遥感识别"最佳物候期"的图像数据[7]。其次，当研究区域种植结构复杂时，基于少量时相影像的分类方法很难辨识光谱相近的两种或多种作物，尤其当作物识别的"关键物候期"不太明显时，利用该方法获取的农作物遥感识别的效果和精度往往受限。

基于单一特征变量的方法最常用的是阈值法。区域农作物种植结构中的每类农作物有其特定的光谱特征时序曲线。阈值法就是分析比较不同农作物"光谱-时序"曲线特征，找出每类作物识别最适宜的时间点；基于专家知识或已有的先验知识，找出每类作物最佳区分点的光谱特征量阈值，构建阈值法模型实现每类作物的识别和提取。如黄青等[8]在分析农作物的物候特征和归一化差值植被指数（Normalized Difference Vegetation Index，NDVI）时序变化特征的基础上，找出了东北三省主要农作物类型识别的关键期，通过物候历以及农情野外监测数据对作物识别阈值进行迭代修正和调整，构建了东北地区农作物种植结构遥感提取模型；张霞等[9]根据玉米、小麦MODIS增强型植被指数（Enhanced Vegetation Index，EVI）时序曲线所表现的物候规律，确定了4个物候关键期变量，即作物起始生长时间（Tonset）、生长峰值时间（Tpeak）、EVI 达到最大值时间（EVIpeak）和生长终止时间（Tend），结合专家知识确定了关键期变量的阈值，成功识别出了华北平原冬小麦与玉米空间分布及轮作方式。张健康等[10]通过比较各个作物 MODIS EVI 曲线中各个时序点的最大值、最小值和平均值，找出各个作物识别的关键期以及相应的阈值，再辅以 TM 监督分类的结果，较好地提取出了黑龙港地区农作物种植结构。Foerster[11]协同 1986—2002 年间不同季节的 35 景 Landsat TM/ETM+影像构建作物 NDVI 时序曲线，通过分析不同作物在各个时序点的光谱标准差取值差异，设置合理的阈值成功绘制出了德国东北部 12 种农作物的空间分布图。

近年来，一些针对单一特征变量处理或分类的新方法，如数据融合法、傅里叶变换法和 BP 神经网络法等，也在农作物种植结构提取中日益得到应用。如何馨[12]采用小波变换对时序 MODIS NDVI 和 TM NDVI 进行了融合，融合后的 NDVI 保证了原有时间序列的光谱特征，空间分辨率从 250 m 提高至 30 m，提高了单一 NDVI 特征量提取种植结构的精度；蔡学良等[13]同样将 ETM+影像与时序 MODIS NDVI 影像进行融合，利用融合后的 24 景时间序列 NDVI 数据，较好地提取了漳河灌区的水稻、油菜、小麦及其轮作方式。熊勤学等[14]选取夏秋作物轮作期和 MODIS NDVI 均值为标准，采用分层方法区分秋收作物区与其他区，利用 BP 神经网络法进行分类，有效地提取出了湖北省江陵县中稻、晚稻、棉花三种作物类型；郝卫平等[15]通过分析时序 MODIS NDVI 影像，采用 ISODATA 非监督分类算法以及光谱耦合技术得到了东北三省农作物种植结构的空间分布。

基于时间序列影像单一特征量的农作物遥感提取方法操作简单、效率高，并引入了农作物的时间变化特征，在不同农作物的区分和识别中具有明显优势，尤其对农作物种植结构比较简单的区域提取效果较好。然而，该方法也存在一些不足，如该方法通常选择 EVI 或 NDVI 作为特征量，特征量的选取具有较强的主观性，缺乏特征量的敏感性分析。另外，单一的 EVI 或 NDVI 特征量对于农作物类型复杂多样的区域存在局限性，因为该特征量未必是所有农作物识别的最优特征量，使得不同农作物提取的精度差异较大。

（二）时序影像/特征量识别法

针对单一 EVI 或 NDVI 特征量方法的不足，越来越多的研究尝试利用多个光谱时序特征量来更好地捕获每类作物区别于其他作物的特性，实现农作物空间分布信息的准确提取。基于时间序列影像多光谱特征参量的方法也常用阈值法，如李鑫川等[16]除构建主要农作物的EVI和NDVI时序曲线外，还综合考虑了红波段、近红外波段等多个光谱波段的时序曲线，共同确定不同农作物识别的主要特征及相应的阈值取值，较好地获取了大豆、玉米、水稻和矮瓜等4大作物的种植结构空间分布图；林文鹏等[17]结合EVI和陆表水分指数作为特征参量，利用地面采样点来确定不同作物识别特征参量的阈值，实现了玉米、大豆、棉花、水稻和花生等主要秋季作物的提取。郝鹏宇等[18]组合2011年多期Landsat TM与HJ-1A/B CCD1/2影像构建时序WRDVI、EVI和NDVI曲线，通过植被指数线性转换、曲线相似性比较，迭代计算出各个作物识别关键期的光谱阈值，较好地实现了新疆博乐市农作物种植面积的自动提取。

（三）深度学习识别法

在农作物识别领域，深度学习的应用取得了显著进展，特别是卷积神经网络（Convolutional Netural Networks，CNN）等深度学习模型的引入，使得从大规模遥感影像中自动学习特征表示成为可能。卷积神经网络通过层级结构和权值共享的方式，能够有效地提取遥感影像中的空间特征，捕捉到不同农作物的独特表征。通过在大规模标注样本上进行训练，CNN模型可以学习到丰富的农作物特征，并能够自动推断新的未知样本的类别。这种端到端的学习方式大大简化了传统手工特征提取的复杂过程，提高了农作物识别的准确性和效率。

除了CNN，其他新兴的深度学习技术也被广泛应用于农作物识别研究中。例如，迁移学习利用在大规模数据集上预训练的模型，在农作物识别任务上进行微调，可以加快模型的收敛速度并提高其性能；强化学习则通过与环境的交互，优化决策，实现对农作物的自动识别和分类；生成对抗网络（Generative Adversarial Network，GAN）可以生成逼真的合成遥感影像，扩充训练数据集，增强模型的泛化能力。

随着数据挖掘技术的迅速发展，一些新的非参数分类器，如集成boosting算法的See 5.0、回归决策树、随机森林等也广泛应用到农作物遥感提取中。此类分类器能够同时分析海量特征参量，综合多种特征量的“组合优化”，挖掘不同作物识别的最佳特征量及阈值，可以克服阈值法中特征量及阈值选取的主观性。

如 Wardlow[19]采用逐层分类法提取了农作物的空间分布信息：首先利用非监督分类 ISODATA 方法提取出耕地与非耕地，结合 15 个时间序列点的 MODIS NDVI 特征量，采用 See 5.0 决策树在耕地层面识别出了苜蓿、夏季作物、冬小麦和休耕地，最后再基于 13 个时间序列点的 MODIS NDVI 特征量区分出了夏季作物中的玉米、高粱和大豆。

尽管深度学习在农作物识别中取得了显著进展，但仍存在一些挑战。例如，标注大规模遥感影像数据需要耗费大量的人力和时间；模型的可解释性和鲁棒性仍然是研究的难点；不同地区、不同农作物的数据分布差异性也对模型的泛化能力提出了要求。未来的研究方向包括进一步改进深度学习模型，提高其在农作物识别中的性能和泛化能力；解决标注数据的问题，开发更高效的数据标注方法；整合多源数据和多尺度信息，提高农作物识别的精度和可靠性；探索模型的可解释性，使其更符合实际应用需求。

（四）引入辅助信息识别法

NDVI、EVI 以及单波段光谱特征以外的纹理特征、地形（如高程、坡度和坡向信息等）、土壤、作物分布环境等特征量，也逐渐引入到农作物遥感识别中。Peña-Barragán[20]对 Aster 影像进行面向对象分割，构建对象的时序植被指数——VIgreen、NDVI、GNDVI、TCARI 和 TVI 等，以及纹理——GLCM 同质性、GLCM 非相似性和 GLCM 熵等，共计 336 个特征量，最后利用决策树实现对加利福尼亚州优洛县 13 种作物组成的种植结构的自动提取。基于时间序列影像的农作物种植结构提取得到多是“硬分类”结果。然而，对于我国很多区域，地块破碎、地形多样和种植结构复杂，混合像元现象突出，农作物种植结构遥感提取存在许多难点问题。如果农作物的种植面积与“光谱—时序”曲线存在某种定量的相关关系，那么可以通过建立作物“光谱—时序”曲线与面积丰度之间的定量函数关系，来实现对农作物种植面积及空间分布的准确提取。基于这一假设，部分学者采用数理统计方法探索农作物种植面积与“光谱—时序”曲线之间的定量关系，取得了较理想的结果。如 Pan[21]以冬小麦为研究对象，通过对样本及其植被指数时序曲线分析发现，每个像元内部冬小麦种植面积比例与冬小麦 EVI 时序曲线上的 4 个关键物候期存在很高的关联性；通过构建冬小麦丰度与关键物候期之间的多元回归模型，实现了对整个区域冬小麦分布的自动和定量化提取。

Lobell[22]假定每个像元由多种作物混合而成，并将单个光谱特征时序曲线视为光谱曲线，曲线每个时序点视为单个波段；利用线性光谱分解原理（即每个像素的光谱值是多种作物的光谱值的综合结果），每个像元的每个时序光谱值由像元内不同作物相应时序光谱值共同作用形成，通过构建相应的多元线性模型可计算出每个像元内部作物丰度。基于相似的时相分解原理，Ozdogan[23]采用独立分量分析法提取出了位于美国内布拉斯加州、堪萨斯州、土耳其西北部 3 个农业区的夏季作物和冬季作物，同参考数据相比，各个区的分类结果均方根误差均低于 30%。Atzberger[24]以神经网络能够自主学习 NDVI 时序曲线与端元丰度之间的非线性关系为理论基础，通过构建神经网络算法对意大利托斯卡尼区域 1988—2001 年间 AVHRR NDVI 影像进行作物识别，提取出的夏季和冬季作物种植面积同 TM/ETM+分类结果相比，均方根误差仅为 10%；基于相同的神经网络亚像素分解方法，Verbeiren[25]利用时序 SPOT-VEGETATION NDVI 影像成功提取出比利时冬小麦和玉米的空间分布，同农作物统计数据的相关系数分别达 0.85 和 0.95，研究表明基于神经网络的亚像素分解方法优于常规的光谱线性分解方法。

尽管遥感在农作物分类识别上应用广泛，但应用在食用豆的识别上的研究还相对较少，且没有系统的总结讨论。因此，本文以吉林省白城市乌兰花镇对绿豆进行分类识别，以河北省张家口市对蚕豆进行分类识别，以云南省大理白族自治州洱海区域对豌豆进行分类识别，这三个地区为例，系统地阐述了遥感监测食用豆的方法步骤，以及优势和取得的良好的分类结果，可以很好地应用在未来对中国食用豆分类识别的监测上，为中国食用豆分类监测提供理论依据和技术支撑。

参考文献

[1] 李静，柳钦火，刘强，等．基于波谱知识的 CBERS-02 卫星遥感图像棉花像元识别方法研究［J］．中国科学 E 辑：信息科学．2005（S1）：141-155.

[2] 李四海．提高遥感数据分类应用性的有效途径［J］．国土资源遥感，1995（4）：1-4+13.

[3] 郑长春，王秀珍，黄敬峰．基于特征波段的 SPOT-5 卫星影像水稻面积信息自动提取的方法研究［J］．遥感技术与应用．2008，23（3）：294-299.

[4] 贾坤，李强子，田亦陈，等．微波后向散射数据改进农作物光谱分类精度研究［J］．光谱学与光谱分析．2011，31（2）：483-487.

[5] Mathur A，Foody G M. Crop classification by support vector machine with intelligently selected training data for an operational application［J］. International Journal of Remote Sensing. 2008，29（8）：2227-2240.

[6] Jia K，Wu B，Li Q. Crop classification using HJ satellite multispectral data in the North China Plain［J］. Journal of Applied Remote Sensing. 2013，7（1）：73576.

[7] 张喜旺，秦耀辰，秦奋 . 综合季相节律和特征光谱的冬小麦种植面积遥感估算 [J] . 农业工程学报 . 2013，29 (8)：154-163.
[8] 黄青，唐华俊，周清波，等 . 东北地区主要作物种植结构遥感提取及长势监测 [J] . 农业工程学报 . 2010，26 (9)：218-223.
[9] 张霞，焦全军，张兵，等 . 利用 MODIS_EVI 图像时间序列提取作物种植模式初探 [J] . 农业工程学报 . 2008，24 (5)：161-165.
[10] 张健康，程彦培，张发旺，等. 基于多时相遥感影像的作物种植信息提取 [J] . 农业工程学报. 2012，28 (2)：134-141.
[11] Foerster S，Kaden K，Foerster M，et al. Crop type mapping using spectral-temporal profiles and phenological information [J] . Computers and Electronics in Agriculture. 2012，89：30-40.
[12] 何馨 . 基于多源数据融合的玉米种植面积遥感提取研究 [D] . 南京：南京信息工程大学，2010.
[13] 蔡学良，崔远来 . 基于异源多时相遥感数据提取灌区作物种植结构 [J] . 农业工程学报. 2009，25 (8)：124-130.
[14] 熊勤学，黄敬峰 . 利用 NDVI 指数时序特征监测秋收作物种植面积 [J] . 农业工程学报. 2009，25 (1)：144-148.
[15] 郝卫平，梅旭荣，蔡学良，等 . 基于多时相遥感影像的东北三省作物分布信息提取 [J] . 农业工程学报 . 2011，27 (1)：201-207.
[16] 李鑫川，徐新刚，王纪华，等 . 基于时间序列环境卫星影像的作物分类识别 [J] . 农业工程学报 . 2013，29 (2)：169-176.
[17] 林文鹏，王长耀，储德平，等 . 基于光谱特征分析的主要秋季作物类型提取研究 [J] . 农业工程学报 . 2006，22 (9)：128-132.
[18] 郝鹏宇，牛铮，王力，等 . 基于历史时序植被指数库的多源数据作物面积自动提取方法 [J]. 农业工程学报 . 2012，28 (23)：123-131.
[19] Wardlow B D，Egbert S L，Kastens J H. Analysis of time-series MODIS 250 m vegetation index data for crop classification in the US Central Great Plains [J] . Remote Sensing of Environment. 2007，108 (3)：290-310.
[20] Peña-Barragán J M，Ngugi M K，Plant R E，et al. Object-based crop identification using multiple vegetation indices，textural features and crop phenology [J] . Remote Sensing of Environment. 2011，115 (6)：1301-1316.
[21] Pan Y，Li L，Zhang J，et al. Winter wheat area estimation from MODIS-EVI time series data using the Crop Proportion Phenology Index [J] . Remote Sensing of Environment. 2012，119 (3)：232-242.
[22] Lobell D B，Asner G P. Cropland distributions from temporal unmixing of MODIS data [J]. Remote Sensing of Environment. 2004，93 (3)：412-422.
[23] Ozdogan M. The spatial distribution of crop types from MODIS data：Temporal unmixing using Independent Component Analysis [J] . Remote Sensing of Environment. 2010，114 (6)：1190-1204.
[24] Atzberger C，Rembold F. Mapping the spatial distribution of winter crops at sub-pixel level using AVHRR NDVI time series and neural nets [J] . Remote Sensing. 2013，5 (3)：1335-1354.
[25] Verbeiren S，Eerens H，Piccard I，et al. Sub-pixel classification of SPOT-VEGETATION time series for the assessment of regional crop areas in Belgium [J] . International Journal of Applied Earth Observation and Geoinformation. 2008，10 (4)：486-497.

第四章 • • •

以吉林白城为例的绿豆遥感监测应用

一、绪论

（一）绿豆简介

绿豆（Vigna Radiata）是杂粮中占比重较大的一类，又称青小豆、植豆，起源于亚洲东南部[1]，在全球栽培种植较为普遍。中国的绿豆种植历史悠久，古籍《齐民要术》中就有绿豆栽培种植方面的记载，在我国，几乎所有地区都有绿豆的种植，是中国主要食用豆类之一[2]。2018 年中国绿豆种植面积为 48.5 万 hm^2，产量为 68.11 万 t，出口额 232234 美元[3]，仅次于缅甸，居世界第二位，在国际市场占有重要份额[4]。绿豆是一种适应性和抗逆性强的作物，具有耐旱、耐贫瘠的特点，生育期短，且播种适期长。同时，绿豆还具有固氮能力，使其成为棉花、薯类、禾谷类作物间作、套作的理想选择。在农业种植结构调整和实现高产、高效、优质农业发展的过程中，绿豆具备其他作物无法替代的优势[5]。

绿豆含有丰富的营养成分，具有较高的营养价值和药用保健价值，被誉为“济世粮谷”和“清热解暑良药”。它广泛应用于食品、酿酒、药用等加工生产领域，是一种经济作物且效益非常高。绿豆具有多种生物学功能，如解毒、降低胆固醇、抗肿瘤和抗炎等。随着人们生活水平的提高，高蛋白、中淀粉、低脂肪的绿豆也成为人们餐桌上的营养食品[6]。绿豆多样的用途和丰富的营养价值使其在农业和食品工业中具有重要地位。它不仅为农民提供了一种经济、高效的种植选择，还为人们提供了一种营养丰富、药用保健的食品资源。绿豆的种植和加工产业不仅对地方经济发展具有积极推动作用，而且满足了人们对健康、营养和多样化食品的需求。

（二）绿豆在我国的种植情况

我国绿豆产区主要集中在内蒙古、吉林、安徽、河南、山西、陕西、湖南等地，绿豆产区的播种面积占全国播种面积的78%。相关资料显示，2019年之前我国是世界上主要的绿豆出口国之一。绿豆单作时，通常采取与谷子、荞麦、玉米、高粱等作物轮作的方式。而复种时，则可以选择在小麦、蔬菜等生育期短的前茬作物收获后进行绿豆夏播复种。间套栽培种植方式可以采用绿豆和谷子、高粱、玉米、棉花等作物间套作，也可以在林、果行间种植，做到充分利用空间、光热、水肥等自然资源，增加产量，组成稳定的农田生态系统，从而保证经济效益和生态效益。

绿豆的播种面积和产量信息是政府制定粮食政策和经济计划的重要依据[7]。准确、快速、广泛地监测绿豆的播种面积和产量，对于政府和农业部门制定和调整农业政策非常关键，同时也能帮助农户及时获取农情信息[8]。通过对绿豆播种面积和产量的监测和估算，政府可以及时了解绿豆产业的发展状况，根据实际情况进行粮食安全规划和资源调配。这有助于确保粮食供应的稳定性和农产品市场的平衡发展。此外，对绿豆播种面积和产量进行监测还可以帮助农业部门制定相关的农业支持政策，提供技术指导和农业投入，促进绿豆产业的健康发展。对于农户来说，及时获取绿豆播种面积和产量的信息可以帮助他们进行农业生产计划和经营决策。准确的数据可以为农户在市场竞争中提供参考，帮助他们进行种植结构调整和市场营销策略制定。此外，农户还可以根据绿豆的播种面积和产量信息进行合理的资源配置和农业生产管理，以提高产量和经济效益。

因此，快速、准确、大范围地监测绿豆的播种面积和产量对于农业发展和农民收益具有重要意义，不仅可以支持决策者制定科学的农业政策，也有助于农户作出明智的农业经营决策。

（三）国内外作物遥感监测研究现状

于农业发展和粮食安全而言，了解和监测农作物的情况至关重要。因此，当前国内外的作物遥感监测研究主要围绕着四个方面展开，包括农作物数据源的获取、物候期和光谱特征的提取，以及基于机器学习和深度学习的作物分类方法和农作物估产方法。

在获取农作物数据源方面，研究人员借助卫星遥感数据如 Landsat、MODIS 和 Sentinel 等，以及无人机影像和高分辨率遥感数据，获取了丰富的农作物信息。这些数据源提供了多时相、多波段的观测数据，有助于揭示农作物生长变化的空间和时间特征。为了提取农作物的物候期和光谱特征，研究人员运用了多种方法。其中包括基于时间序列分析的光谱指数，如 NDVI 和 EVI，以及基于机器学习算法的特征提取方法，如主成分分析（Principal Component Anatysis，PCA）和光谱特征曲线。这些方法可以帮助研究人员从遥感数据中获取农作物的生长状态和特征信息。在作物分类方面，机器学习和深度学习方法得到了广泛应用。支持向量机（Support Vector Machines，SVM）、随机森林（Random Forest，RF）和卷积神经网络（Convolutional Neural Network，CNN）等算法被用于将遥感影像中的像元进行分类，从而实现作物类型的识别和区分。这些算法能够自动学习和提取影像中的特征，提高作物分类的准确性和效率。另外，作物估产方法也是作物遥感监测研究的重要内容。通过结合遥感数据和农田调查数据，研究人员可以利用统计模型和回归分析等方法，实现对农作物产量的估算和预测。

1. 农作物数据源的获取

农田信息的快速获取与解析是开展精准农业事前的前提和基础，在农业田间信息获取上，遥感技术优势明显。20 世纪主要用国外的遥感卫星数据，例如，Landsat TM、SPOT 等，大范围的农业遥感监测采样 NOAA AVHRR 以及国产风云卫星的遥感数据。CBERS 数据广泛用于作物面积估算、长势监测、病虫害遥感、草地遥感等领域[9]。随着低空无人机遥感的发展，可以记录几何轮廓信息、采集图片信息、激光背射强度、高光谱和热信息数据。高光谱遥感监测技术在多种信息的监测和获取方面发展迅速，利用高光谱遥感技术实时、准确地获取玉米生长信息与冠层光谱特征参数之间的相关性对农业估产意义重大[10]。国内外均有学者使用时序的 Sentinel-2 遥感影像来进行作物面积识别与产量估算。有学者选取 2017 年 2 月至 10 月 15 期的 Sentinel-2 影像，做裁剪、波段合成等预处理，构建时序植被指数，对组合后的植被试使用最大似然法、支持向量机、CART 决策树、随机森林等方法提取作物数据。在作物分类的实际应用中，由于云雨、光照等因素的影响，光学遥感影像的质量无法保障，研究人员进行去云、曲线平滑等处理以提高光学影像质量，但是无法从根本上消除局部噪声，有研究学者使用融合的 Sentinel-1 和 Sentinel-2 的多源遥感数据作为研究数据源，发现融合之后的影像分类效果更佳，提升了 6%。

2. 物候及光谱特征的提取

农作物的反射光谱特性是指其在不同波段光下的光反射表现。通常，在蓝光和红光波段，农作物表现出较低的反射率，因为这些波段存在两个吸收峰。而在绿光波段，农作物显示出一个明显的反射峰。在近红外波段，农作物的反射率达到高峰。而在中红外波段，农作物的反射率显著下降，形成低谷。此外，农作物的反射光谱特性受到多种因素的影响，如农作物类型、生长季节、生长状态和田间管理等。针对农作物识别，目前存在三类主要的方法。首先，是单一影像源法，该方法利用单幅遥感影像进行农作物分类识别。其次，是时间序列影像法，该方法利用连续多期遥感影像构建时间序列，并分析农作物在不同时间点上的光谱变化，实现农作物的识别与监测。最后，是遥感影像与统计数据融合法，该方法将遥感影像数据与统计数据相结合，通过建立统计模型进行农作物分类。田鑫[11]采用 CART 决策树和 SEE5. 决策树两种机器学习方法识别内蒙古河套灌区的主要农作物，并计算出种植面积，结果表明两种决策树总体精度都比较理想，SEE5. 决策树的分类精度略高于 CART 决策树，达到 88.3%。时间序列影像法一般分为基于单一特征量、多特征参量、基于特征量的统计模型法。张健康等[12]通过比较各个作物 MODIS EVI 曲线中各个时序点的最大值、最小值和平均值，找出各个作物识别的关键期以及相应的阈值，再辅以 TM 监督分类的结果，较好地提取出了黑龙港地区农作物种植结构。Nasrallah 等人[13]利用 Sentinel-2 卫星影像对黎巴嫩冬小麦的不同生长期进行了 NDVI 计算，并提出了 SEWMA 制图方法，实现了对小麦、大麦和小黑麦的有效区分。通过该方法，在收获前 6 周就可以获得准确的分类结果，从而显著降低了成本并提高了效率。汪松[14]利用 Landsat 影像作为数据源，在新疆天山北坡进行了完整生长期的灌溉作物识别研究，通过建立基于 NDVI 时间序列的分析，使用 S-G 滤波方法对 NDVI 时间序列进行重构，并应用 MLC 和 SVM 等机器学习算法进行了作物分类实验。刘昊[15]利用 Sentinel-2 的长时间序列影像对河套灌区的主要农作物进行了研究，他计算了 4 种主要农作物的 NDVI，并确定了关键生长期的光谱阈值，通过决策树方法构建了作物分类模型。

在进行农作物识别研究时，不同的学者选择不同的特征进行分析和分类。这些特征可以归纳为光谱特征、纹理特征和形状特征等。光谱特征是最常用的特征之一，它基于农作物在不同波段下的反射率表现，通过提取不同波段下的反射率数据，来获取农作物在光谱上的独特信息，从而实现分类和识别。纹理特征则关注农作物图像中的纹理结构，包括纹理的颗粒度、方向、频率等特征。这些特征可以揭示农作物图像的细节和纹理变化，从而有助于研究者区分不同的农作物类别。形状特征是描述农作物图像形状和几何结构的特征。例如，农作物的边界形状、面积、周长等可以作为区分不同农作物的依据。形状特征可以通过提取图像的轮廓或者应用形态学操作来获取。为了优化农作物识别方法，一些学者采用特征降维的方法来选择最具代表性的特征。特征降维可以通过主成分分析（PCA）、线性判别分析（Linear Discriminant Analysis，LDA）等技术来实现，从而减少特征的维度，提高分类效果和计算效率。通过综合利用光谱特征、纹理特征和形状特征，并结合特征降维的方法，研究者可以优化农作物识别方法，提高分类准确性和效率。为了研究短红外波段设置对作物分类精度提高的影响，王利民等[16]提到，在海岸蓝、蓝、绿、红、近红外 5 个波段的基础上，依次增加 SWIR1、SWIR 波段，发现加入后能提高分类精度。张鹏[17]为了研究地块尺度复杂种植区的分类，以 RVI、NDVI、相关性和边界长度等 12 个特征构建了地块尺度作物分类的相对较优特征，通过该种方法可在充分表征影像信息，同时降低数据冗余。翟涌光和屈忠义[18]改进了一种非线性降维算法——Laplacian Eigenmaps（LE），用于时序遥感影像的作物分类，该方法是一种不需要人工干预的自动化方法，主要关注相同时相下不同作物生长季的物候特征差异。

3. 基于机器学习和深度学习的作物分类方法

目前机器学习与深度学习都是作物识别与面积提取的重要方法。Atzberger 等[19]以神经网络能够自主学习 NDVI 时序曲线与端元丰度之间的非线性关系为理论基础构建神经网络算法，利用意大利托斯卡尼区域 1988—2001 年 AVHRR NDVI 影像进行作物识别，提取出的夏季和冬季作物种植面积，同 TM/ETM+ 分类结果相比，均方根误差仅为 10%。陈骁[20]提出来一种基于不完备时序数据的农作物识别方法，针对影像部分缺失或整景缺失的情况，通过遥感数据重建，获得固定时间间隔、无缺失的时序数据后，再基于 LSTM 网络设计农作物动态识别方法，实现农作物的分类制图。Xiong[21]采用递归分割分层算法，与基于光谱和空间特征的面向对象分割层、与基于像素的分类方法相结合，提高了作物分类精度。Mathur 等[22]选取 2003 年 9 月 22 日 IRS-1D 影像的光谱单波段特征量，运用支持向量机（SVM）分类器对印度旁遮普区域内的水稻、棉花作物的空间分布数据进行采集。为了提取广西地块破碎地区的甘蔗，Wang 等[23]提出了一种基于像元和物候学的算法，使用 2017 年 8 月～2019 年 7 月的 Sentinel-1 和 Sentinel-2 数据，利用 NDVI、地表含水量指数（Land Suoface Water Index，LSWI）、EVI、修正归一化水指数（Modified Normalized Difference Water Index，MNDWI）等指数信息，通过决策树设置阈值的方法成功提取了甘蔗的分布数据。刘昊[24]利用 Sentinel-2 长时间序列影像计算河套灌区 4 种主要农作物 NDVI，识别农作物关键生长期的光谱阈值，基于决策树方法构建作物分类模型。

4. 农作物估产方法研究

徐新刚等[25]提出估算作物单产的遥感模型主要有三种模式：产量-遥感光谱指数的简单统计相关模式、潜在-胁迫产量模式、产量构成三要素模式以及作物的干物质量和产量模式。产量-遥感光谱指数主要有两种方式，一种直接以遥感波段为自变量，另一种是将遥感数据影像各波段合成各种不同形式的遥感指数。潜在-胁迫产量模式可分为两大类，一类是作物本身的生理因素，它们表现为一系列生物学参数，另一类是作物生长的生态环境条件，如水分、养分、温度、光照以及灾害等，它们对最终产量的形成起限制作用，即胁迫产量部分。陈仲新等[26]撰文指出目前国内农业遥感监测系统主要有中国资源环境遥感信息系统及农情速报，农业农村部和中国农业科学院的国家农业遥感监测系统，中国气象局的农作物监测系统，常用的作物单产遥感估测方法有统计调查法、统计预报法、农学预测法、气象估产方法、作物生长模拟和遥感估产方法等，估产模型主要分为经验模型、半机理模型和机理模型 3 种。李昂[27]首先对无人机拍摄的水稻冠层影像进行图像去噪处理，然后通过聚类分析和阈值分割来分割水稻穗，成功提取出水稻穗的数量，然后根据水稻产量计算公式估算出水稻的产量，最后与实测水稻产量进行对比验证图像估产的精确度。王鹏新等[28]为了提高玉米的估产精度，在 2013—2018 年位于 8 个典型样本点，采用 CERES-Maize 模型模拟样本点玉米整个生育期的叶面积指数（Leaf Area Index，LAI），并将模拟的 LAI 与遥感反演的 LAI 相结合，通过集合卡尔曼滤波（EnKF）同化算法实现 2013—2018 年玉米主要生育时期旬尺度 LAI 的同化，运用随机森林回归法计算同化和未同化的 LAI 权重，进而建立玉米单产估测模型，对 2015 年 53 个区县的玉米进行单产估测和精度评价，并分析 2013—2018 年玉米的单产时空分布特征。赵兵杰[29]利用线性回归模型，建立了高分一号与 Landsat-8 的转换方程，引入欧式距离、哈氏距离等 5 种距离测量方法，对新构建时序的聚类精度进行评价，结果证明：数据的融合使用比单源数据的直接分类效果更好，总体精度达到 96%以上。

目前，国内外有关农田提取的研究较多，但是对农田作物类别精细提取的研究较少。在已有的农作物制图研究中，研究学者的目光主要集中在大豆、玉米、小麦、水稻等大田作物上，关于冬小麦、玉米、水稻的研究方法已经较多较成熟，对于高粱、谷子等杂粮作物关注较少。研究难点是杂粮多生长在山区、地形起伏较大、种植面积较小、种植地块破碎，一些效果较好的大田作物识别方法不能直接应用于杂粮作物，故其遥感面积识别难度较大。目前国际上还没有专门针对杂粮面积识别与产量估算的算法，杂粮的面积监测和估产研究仍处于空白状态。本次以吉林省白城市通榆县乌兰花镇绿豆为例，进行面积监测与产量估算，是一次应用遥感手段进行小杂粮监测的研究尝试。

吉林省是我国最适于杂粮作物生长的地方，杂粮作物主要分布在西部北纬 44°以北的半干旱地区，该地区杂粮分布广泛，品种齐全，种植结构合理，面积稳定[30]。截至 2016 年，吉林省杂粮种植面积已经达到 30.55 万 hm^2。位于吉林省白城市通榆县西部的乌兰花镇，近年来以杂粮作为当地的特色农业，主要种植的杂粮有绿豆、高粱和谷子。抗逆性强、市场需求前景好、效益比较高，小杂粮已成为乌兰花镇农业结构、增加农民收入的重要支柱产业。对乌兰花镇开展杂粮遥感监测，可以充分发挥遥感技术的优势，快速高效地获取镇上各类杂粮的种植面积及估算产量，可为当地政府和农业部门提供政策制定的参考和依据，具有重要的现实意义。

二、研究区介绍

乌兰花镇位于吉林省白城市通榆县西部，东与新兴乡相连，西与兴隆山镇、新发乡接壤，南与瞻榆镇、新华镇为邻，北与四井子镇交界，总面积 52979 hm^2。该镇属中温带半干旱大陆性季风气候，四季分明，年平均日照 2900 h，年平均气温 5.5℃，年平均降水量 350 mm，无霜期约 164 d，地势平坦开阔，一般海拔在140 m 至 180 m。

乌兰花镇拥有广阔的耕地面积，总计达到 16690 hm^2，平均每人占有耕地 0.89 hm^2。为了发展农、牧业，乌兰花镇将农业结构调整和产业化建设作为突破口，建立了四大园区。首先，乌兰花镇打造了以冷家店和星火为核心的辣椒园区，种植面积达到 1500 hm^2。该园区致力于辣椒种植，为推动辣椒产业发展提供了强大支持。其次，乌兰花镇在冷家店、红光、太平、沙力、双龙等地建立了 500 hm^2 的美葵园区。这个园区专注于美葵的种植，为发展美葵产业作出了积极贡献。再次，乌兰花镇在东木、西木、迷仁、春阳、西新力等地打造了打瓜园区，总面积达到 2000 hm^2。这个园区专门种植各类瓜果，为当地瓜果产业的发展提供了良好的基础。此外，乌兰花镇还发展了一个以冷家店村为核心的棉花园区，面积达到 30 hm^2。这个园区致力于棉花种植，积极推动棉花产业的发展，并积极发展效益农业和避灾农业。在牧业方面，乌兰花镇充分发挥地域特点，将牧业发展作为经济的支柱产业。首先，在县里的要求下，乌兰花镇转变了饲养方式，建立了以万宝村为中心的舍式饲养绒山羊基地。其次，东木村建立了生态养猪场，成为市、县首个生态养猪基地。此外，西木、东木、春阳、西新力、星火等村还建立了白鹅产业园区，进一步推动白鹅养殖业的发展。通过这些农、牧业发展举措，乌兰花镇积极推动了农业产业结构的转变和农牧业的产业化发展，为当地经济的繁荣作出了重要贡献。

为了突破传统农业的限制并促进乌兰花镇的农业发展，该地区积极发展特色农业。近年来，乌兰花镇以杂粮种植为特色，主要种植绿豆、高粱和谷子。其中，绿豆是一种相对耐旱的作物，种植面积较大，每公顷的产量可达 1000～2000 kg。乌兰花镇属于一年一熟的地区，农作物的播种时期通常在 5 月中下旬。当地农民习惯进行轮作种植，即在一年一熟的地区，主要采用年间单一作物的轮作模式。轮作是一种将不同作物按照一定的顺序在同一块土地上种植的农业措施。合理的轮作可以实现土地的养分均衡利用，有效防治病虫害，并改善土壤的理化性质，调节土壤肥力。通过发展特色农业和采用轮作种植模式，乌兰花镇在农业生产中实现了种植业的突破。这种发展模式不仅有助于提高作物的产量和质量，还能促进土壤的可持续利用，为农业的长期发展奠定了基础。乌兰花镇的农民们将继续努力，探索更多适应当地特点的种植模式和农业发展策略，推动农业产业的繁荣和乡村经济的发展。如图 4－1 所示为吉林省白城市通榆县乌兰花镇卫星遥感分布图。

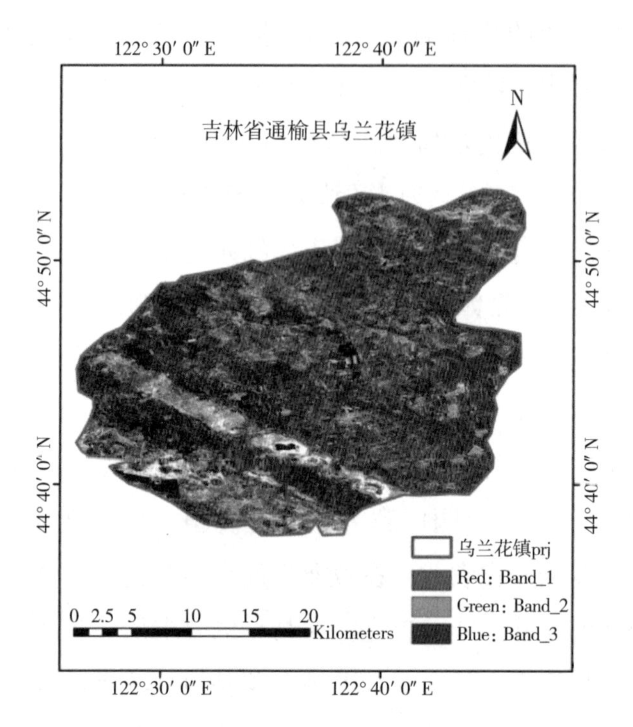

图 4－1　吉林省白城市通榆县乌兰花镇卫星遥感分布图

三、遥感监测面积及产量预测的方法

（一）遥感数据源的选择与数据预处理

在监测绿豆种植情况时，常使用 Sentinel-2 和高分数据作为遥感数据源。此外，还利用高光谱数据和无人机影像来提取杂粮种植的小区域尺度影像，以获取更详细的信息。这些数据可用于提取光谱特征，其中光谱曲线则作为点位尺度的数据源，为分析绿豆种植情况提供依据。为了更全面地了解土地利用情况，辅助数据如 GlobeLand30 土地利用数据和采样数据也被应用于研究中。这些数据可以提供额外的参考信息，辅助估计和分析绿豆种植面积。

综合利用这些多源数据，研究者可以更准确地了解绿豆种植的空间分布和面积情况。通过分析提取的光谱特征，并结合土地利用和辅助数据，可以得出关于绿豆种植情况的可靠结论。这种综合利用遥感数据和辅助数据的方法，为农作物监测和农业管理提供了重要的技术支持，有助于优化农业生产和决策。

1. Sentinel-2 影像数据

Sentinel-2 遥感数据采集，有 A、B 两颗卫星，每五天过境一次，具有较高的时间分辨率，容易获得完整的时间序列影像，空间分辨率较高，并且在红边范围内具有较多波段，适用于植被的监测。

本研究选取 Sentinel-2 遥感影像作为提取镇域杂粮面积的数据源。Sentinel-2 影像属于光学影像，一共包含 13 个波段，包括分辨率为 10 m、20 m、60 m 的波段，主要有红、绿、蓝、近红外、短红外、红边波段等；边缘特征较为明显清晰，易于区分地块。

乌兰花镇遥感数据可在 Sentinel 官网（https：//scihub. copernicus. eu）进行下载。在该网站上，下载 2019 年 5 月至 9 月和 2020 年 5 月至 8 月期间的 Sentinel-2 L2A 级数据。这些数据已经进行了辐射定标和大气校正，使其更加准确可靠。下载完成后，可以使用软件工具 SNAP（Sentinel Application Platform）进行后续处理。用 SNAP 处理时，可以将乌兰花镇的矢量范围作为裁剪区域，从整个影像中提取出乌兰花镇的部分。这样可以获得乌兰花镇特定区域的影像数据，以便进一步分析和处理。最后，可以将裁剪后的影像导出为 tif 格式，以便在其他软件中使用。这样可以方便地进行遥感影像的处理、分析和可视化，为乌兰花镇的农作物监测和农业研究提供更准确的数据基础。通过以上步骤，可以获得乌兰花镇特定时间段的 Sentinel-2 影像数据（图 4－2），供后续分析使用。

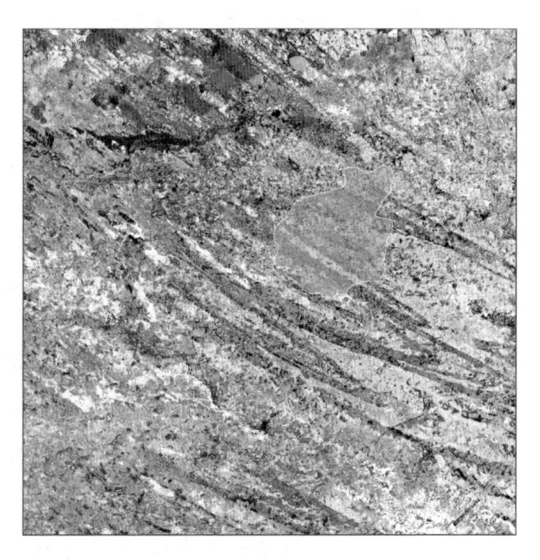

图 4－2　Sentinel-2 影像中乌兰花镇区域（示例）

2. 高分一号影像数据

高分一号 PMS 的影像分辨率较高，能达到 8 m，经过融合全色和多光谱的影像可以达到 2 m，但是也存在一些缺点。首先，高分一号影像的边缘不够清晰，地块之间的边界较为模糊；其次，高分一号的波段信息较为单一，不如 Sentinel-2 影像数据的波段信息丰富，缺少对植被较为敏感的红边波段影像。

在中国资源卫星中心（https：//www. cresda. com/zgzywxyyzx/index. html）下载 2019 年 5 月至 9 月和 2020 年 5 月的高分一号影像，并在 ENVI 5.3 上安装中国国产卫星支持工具，就可以支持高分一号影像的处理。预处理包括正射校正、

辐射定标、大气校正、影像融合等一系列工作。

（二）野外调研方案方法

1. 准备工作

（1）材料与工具准备。

手持GPS、无人机、ASD高光谱仪、铲子、塑封袋、马克笔、口罩、土样采集卡、野外调研表、光谱信息表、电脑、硬盘、充电宝、手套等。

（2）矢量范围及路线规划。

将乌兰花镇的矢量范围加载到Arcgis中，使用创建渔网工具制作2 km×2 km的网格，并选取网格点的中心作为采样点，共151个（图4-3）。到每个样点上记录作物种类（东西南北脚下共拍照5张）。结合采样时间和路线规划尽可能多采点，保证有200多个可用的样点。

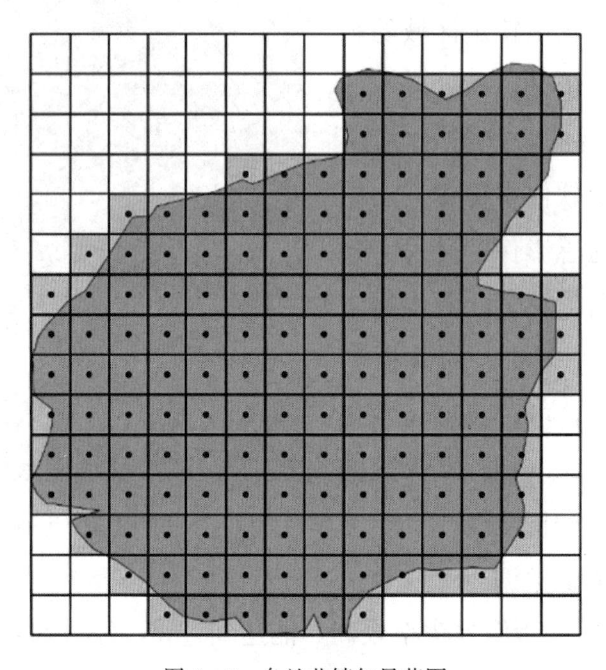

图4-3 乌兰花镇矢量范围

本次采集野外验证点的经纬度信息使用的是奥维互动地图。首先，将创建的渔网以及乌兰花镇的矢量范围转成kml格式之后导入奥维互动地图，作为野外采集验证点的范围参考（图4-4）。再根据当地的交通情况，选取合理的验证点，尽量选取位于道路两旁、远离村庄驻地与高压线的地方，获取的杂粮验证点尽量均匀分布于全镇。

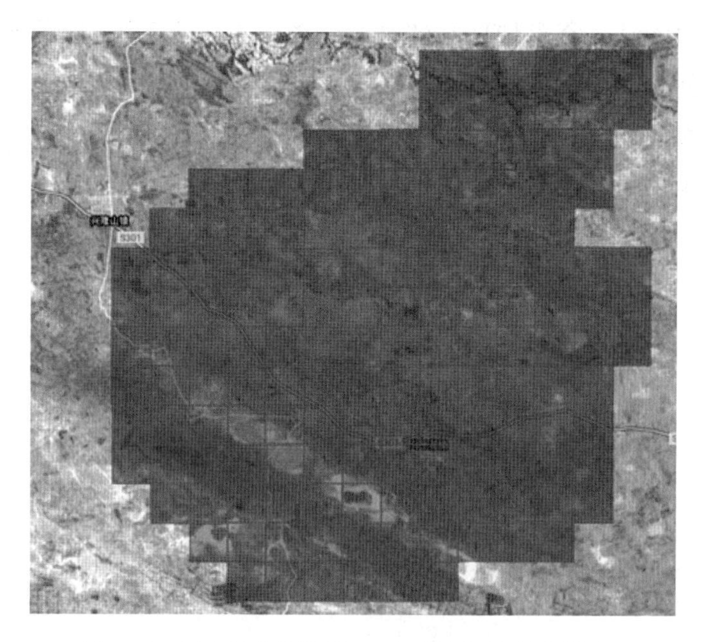

图 4-4　导入互动地图后的乌兰花镇矢量渔网范围图

2. 野外验证点获取

通过奥维互动地图中的添加标签功能记录乌兰花镇主要作物的信息，在绿豆的地块中心以及边界上标记点，根据交通通达性的原则，沿着道路获取野外验证点，由于乌兰花镇的西北部种植的是大片玉米，因此没有采集西北部的野外验证数据，本次共采集了 300 多个验证点（图 4-5）。

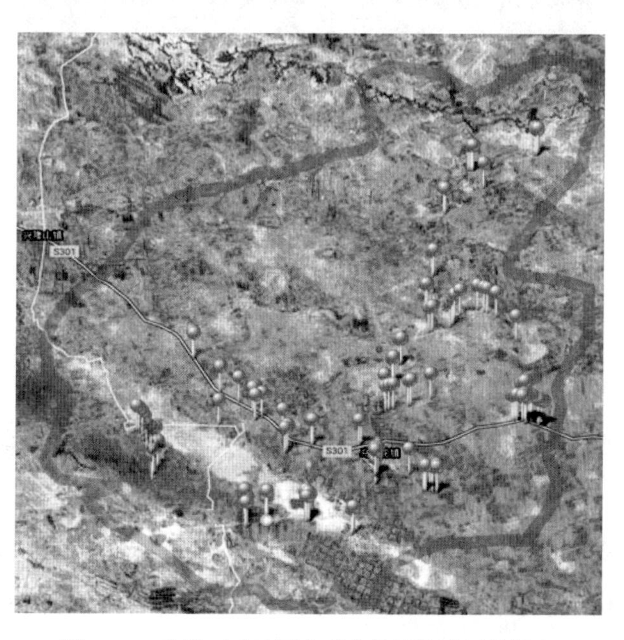

图 4-5　奥维互动地图中采集的野外验证数据点

用 Google Earth（谷歌地球）加密点：将乌兰花镇的矢量范围以及野外采集的验证点导入奥维互动地图中，在相应的地块中多选取几个同类的作物样本点，并标注信息。通过对高分辨率的 Google Earth 影像解译得到一些样本点，然后与野外验证点合并成一个图层，并对每个样本点添加属性信息（图 4－6、图 4－7）。

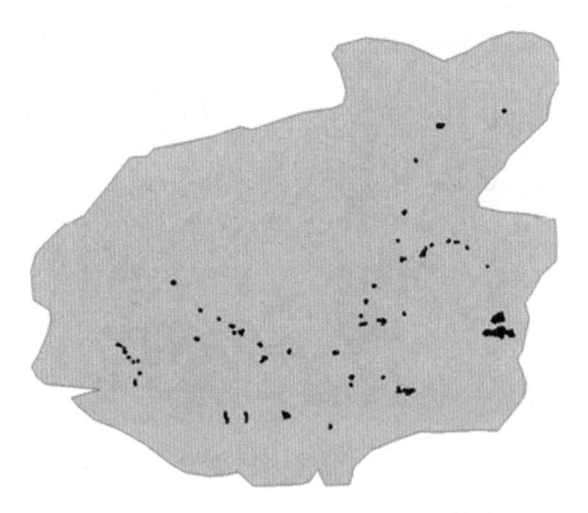

图 4－6 对验证数据点添加属性信息

图 4－7 绿豆实地照片

野外调查数据处理：将在野外采集的调查数据从奥维互动地图中导出，在 Arcgis 中将 kml 格式转成图层格式，再导出为 shp 文件，并将两个 shp 文件合并，最后将记在纸上的野外点信息整理到 Arcgis 属性表中。

3. 土样采集

为了对绿豆土壤进行采样和处理，首先给每个地块命名，同时记录下每个样品对应的经纬度信息。随后，对样品进行处理。先准备一袋牛皮纸，并按照样品袋上的编号在牛皮纸上标记相应的编号。然后，将土壤倒入与编号对应的牛皮纸上，并确保每个样品与其对应的编号相匹配。完成标记和土壤倒入后，将牛皮纸上的土壤样品进行阴干。经过约一周的时间，土壤样品将逐渐干燥。最后，将干燥的土壤样品放回原先的袋子中，保持与之前采集时相同的编号和对应关系。这样可以确保样品的标识和土壤的来源一致，方便后续的分析和研究工作。

4. 无人机数据采集

无人机影像是一种获取高分辨率影像的常用仪器，可获得高达 0.01m 的分辨率。2020 年 9 月 23 日，针对杂粮作物的研究需求，选取了几块具有代表性的作物区域作为飞行区域，利用 iPad 中的 DJI GO 4 软件进行无人机航线控制和相关参数调节。在新建任务的界面中，可以观察到精确的定位信息，并在测绘模式下选定所需的航线区域，设置飞行高度、云台俯仰角、区域大小、拍照方式等参数（图 4-8），从而自动生成了相应的飞行任务计划，包括航线、拍摄张数、飞

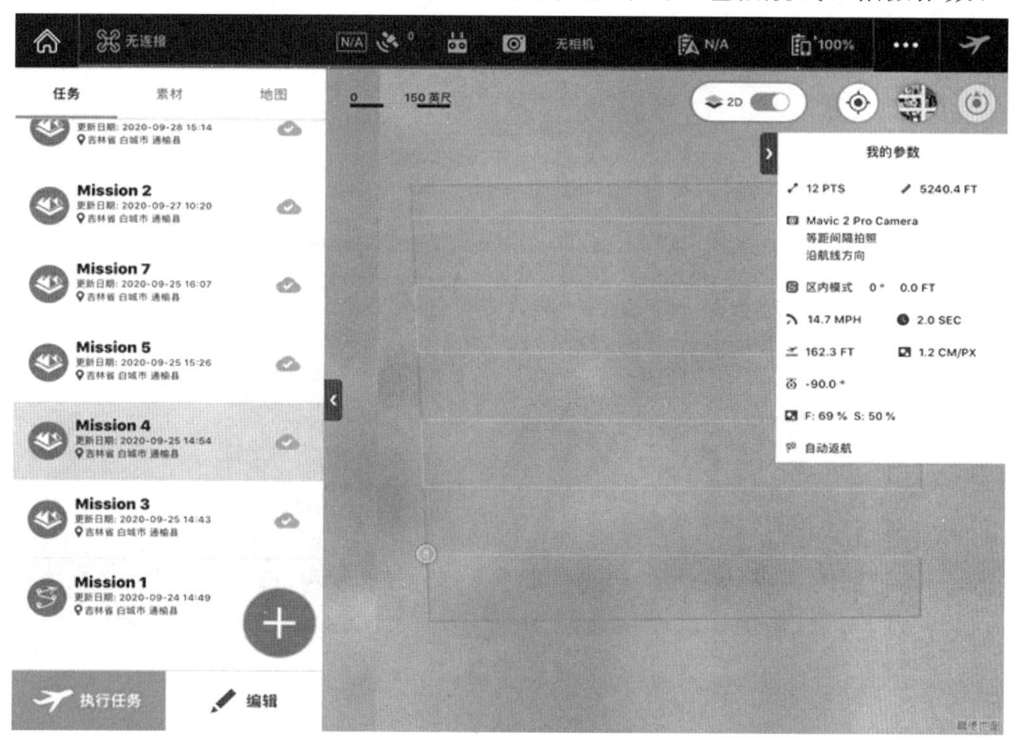

图 4-8　无人机飞行参数设置界面

行时间、所需电池数量等信息。启动任务后，无人机即可自动执行所设定的飞行任务，待任务完成后，无人机自动返回。

影像拼接：使用 Photoscan 处理无人机数据，通过对齐照片、生成网格点、创建纹理等步骤来生成正射影像（图 4－9～图 4－11）。

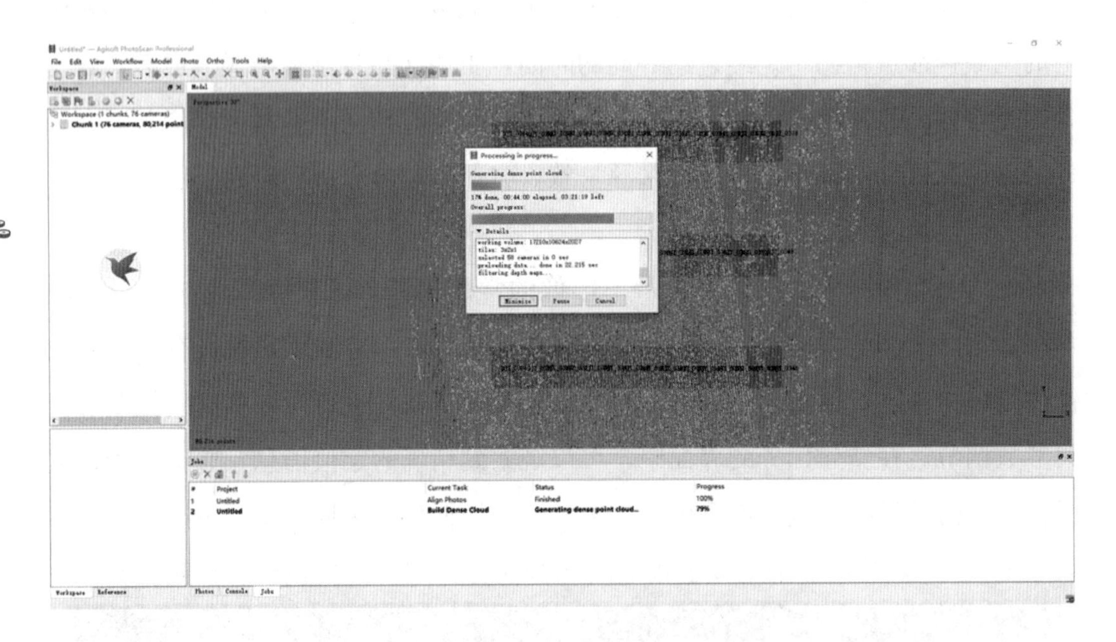

图 4－9　影像拼接过程

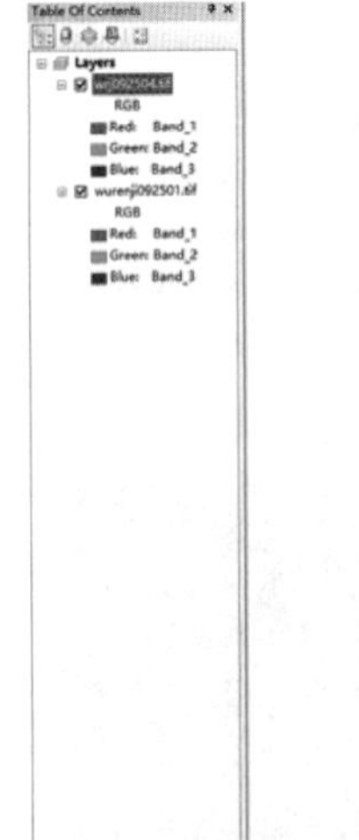
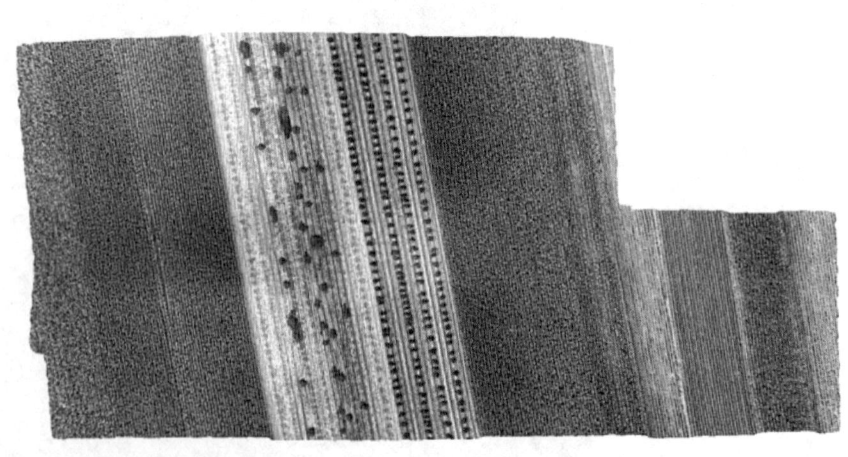

图 4－10　拼接之后的影像

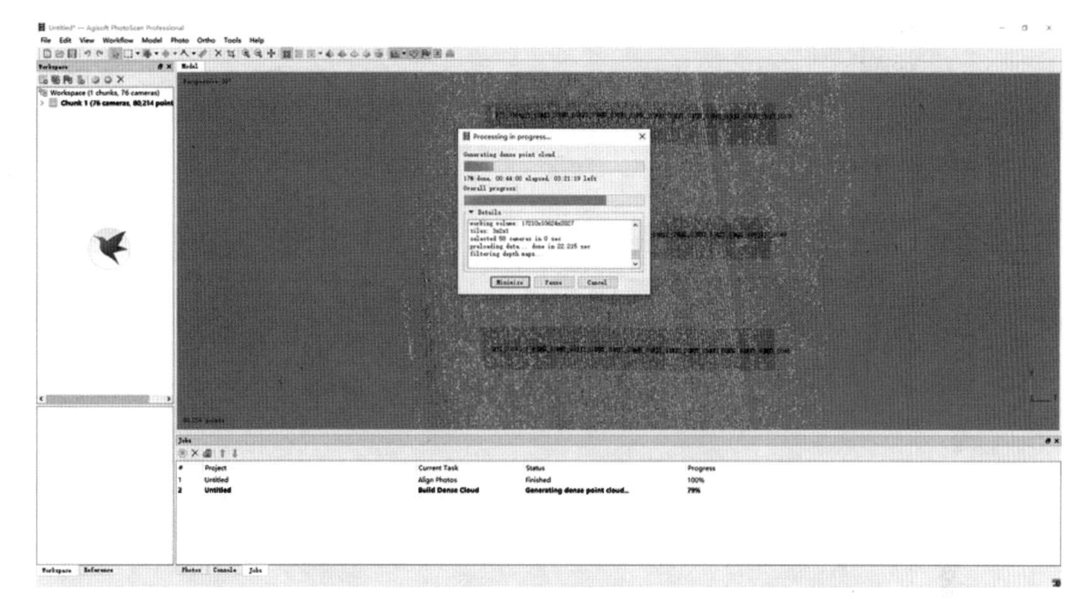

图 4-11　无人机数据处理过程

5. 高光谱影像数据采集

为了采集高光谱数据，我们使用了搭载高光谱相机的 Mpro 600 无人机、靶标布以及搭载 RGB 相机的小型飞机。此外，我们还准备了一台电脑、一个平板电脑、若干遥控器和电池等设备。完成搭载高光谱相机的 Mpro 600 无人机和搭载 RGB 相机的小型飞机的安装和调试工作（图 4-12）。

图 4-12　搭载高光谱相机的无人机

在进行高光谱数据采集前的最后准备步骤包括相机参数和惯导参数的设定。我们将使用电脑中的 Sbgcenter 软件来设定惯导的参数。首先，我们设定每次转动无人机的角度为 45°，共进行 8 次转动，以完成无人机的校正工作。接着登录无人机所在的网站，通过相机设置界面设定曝光率晴天为 5.0，并点击应用按钮（图 4-13）。一旦显示“OK”表示设置成功。随后进行相机的测试，以确保其正常工作。利用 Google Earth 绘制出无人机的航线（图 4-14），这有助于规划采集路径和区域。

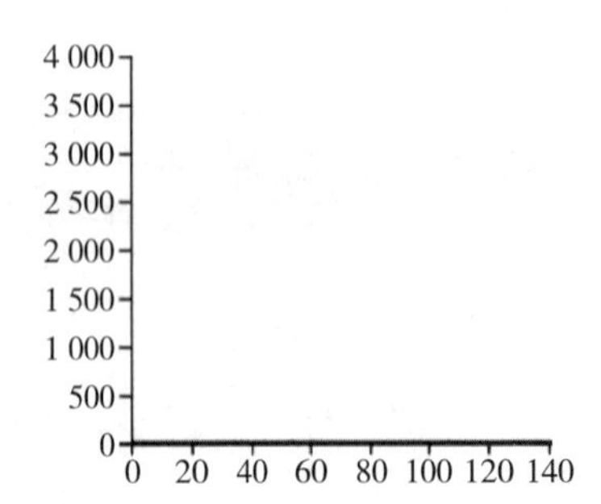

AutoExposeTarge 4000 Step 1

gain	0
shutter	5.0
fram	80
spetal_bin	4
connectStat	OK

Apply

图 4－13　相机参数和惯导参数的设定

图 4－14　飞行航线的规划

最后，无人机的起飞以及放置靶标布（图 4－15）。将 Google Earth 画的航线导入 GSP 软件中，左滑点击新建任务，再点击开始飞行就可以了，飞机会自动返航（图 4－16）。

图 4-15　无人机的起飞以及放置靶标布

图 4-16　无人机飞行工作

高光谱数据采集回来之后，用 Sbg Center 软件处理惯导文件，并导出 gps 文件和路径 kml 文件。用 Google Earth 打开 kml 路径文件，新建一个多边形文件，画一个可以将整个航线包围起来的多边形，并导出多边形文件，将之前生成的文件导入 Airline Division 软件中，进行航线分割。将分割后的航线与辐射定标文件导入 Megacube 软件中进行几何校正与图像显示；用 Arcgis 对条带状的高光谱影像配准，利用 ENVI 对配准后的影像进行拼接；最后用 Mega Cube 软件的超立方体模块得到超立方体，并将超立方体转为反射率影像。

6. ASD 高光谱采集

为了测量绿豆等主要杂粮作物的光谱特性，我们选择了 ASD 高光谱仪进行测量。测量光谱的时间段定为上午 10 时到下午 2 时，以确保在无云晴朗的条件下进行测量。在本次测量中只进行绿豆叶片的光谱采集。总共采集了 80 条光谱数据。具体操作流程如下：首先，将高光谱仪与电脑通过数据线连接，并打开白板模式。接下来，使用光纤在白板上进行定标，确保仪器的准确性。我们会保存 10 条白板的光谱数据作为参考。然后，将光纤垂直于绿豆叶片向下，以获取绿豆叶片的光谱信息。通过上述步骤可以测量绿豆叶片在不同波长下的反射和吸收特性。如图 4-17、图 4-18 所示。

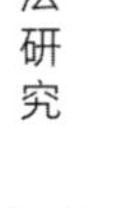

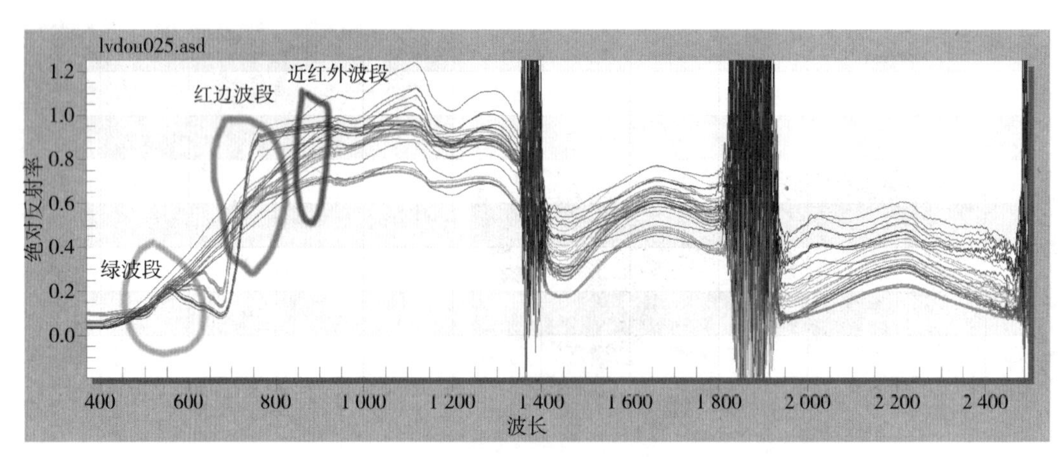

图 4-17　使用 Viewspec 软件打开光谱数据后得到的绿豆光谱曲线

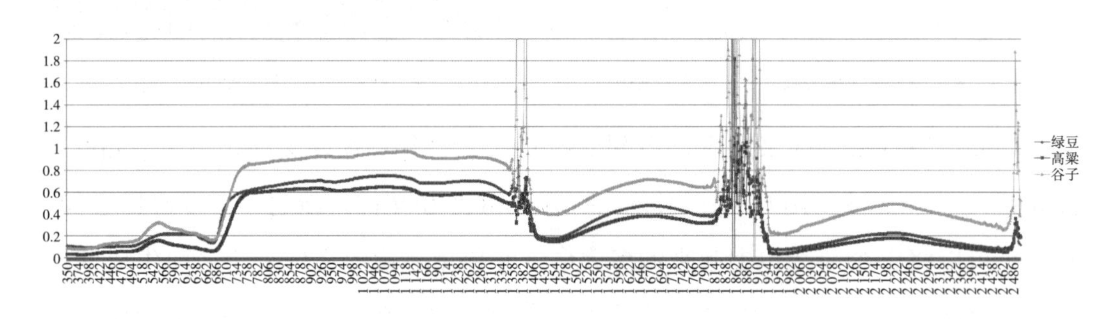

图 4-18　使用 Python 对绿豆的光谱曲线处理

7. 地面测产

为了验证遥感估算产量的准确性，需要实地测定绿豆的产量，我们在每块田里随机选取一垄中长度为 1m 的 5 个绿豆样方。将绿豆的植株拔出，然后摘取绿豆的豆荚，记录每个样本的编号、经纬度、所在地以及日期信息，一式两份，一份放在网袋里面，另一份系在网袋的绳子上，目的是备注绿豆的信息；另外采集 4 株整株的绿豆，为了通过测定绿豆的根茎叶的比重，来获取有关生物量的参数。本次共采集了 20 袋豆荚和 4 袋完整的绿豆植株。如图 4-19 所示。

将采集的绿豆样本带回来后，阴干一周左右，并进行脱粒（图 4-20），称重后计算出地面实测产量（表 4-1）。

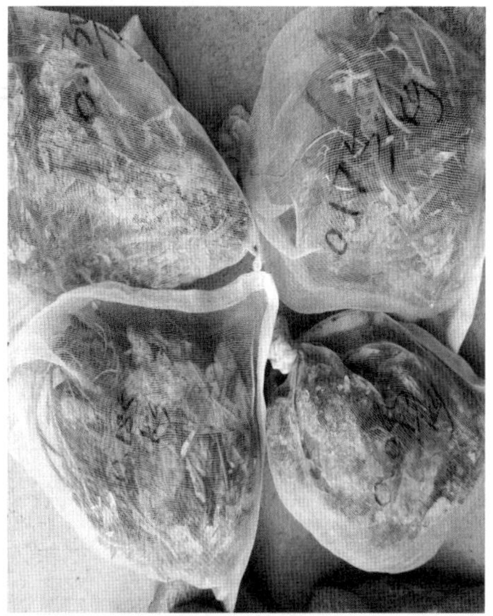

图 4-19　采集的豆荚和绿豆植株样本

图 4-20　脱粒后准备测产的绿豆

表 4-1　绿豆实测产量

绿豆编号	净重（g）	绿豆编号	净重（g）
绿豆 2-2	130.22	绿豆 4-1	77.95
绿豆 8-2	66.05	绿豆 1-1	93.47
绿豆 8-1	79.83	绿豆 5-2	93.08
绿豆 4-4	73.32	绿豆 6-3	79.74
绿豆 1-4	83.2	绿豆 6-2	127.92
绿豆 2-3	82.43	绿豆 5-1	90.68

（续）

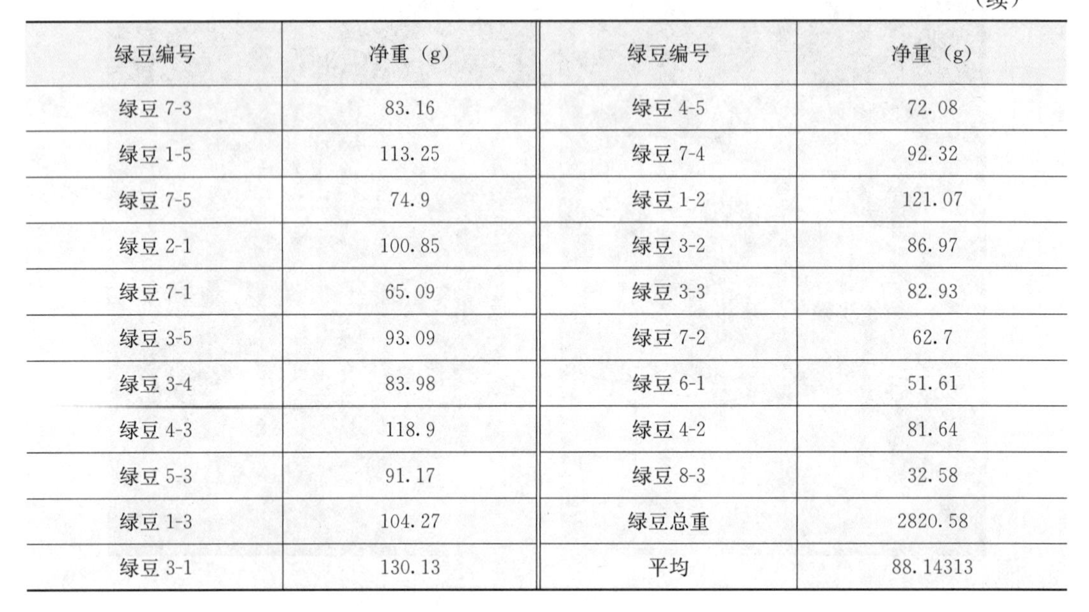

绿豆编号	净重（g）	绿豆编号	净重（g）
绿豆 7-3	83.16	绿豆 4-5	72.08
绿豆 1-5	113.25	绿豆 7-4	92.32
绿豆 7-5	74.9	绿豆 1-2	121.07
绿豆 2-1	100.85	绿豆 3-2	86.97
绿豆 7-1	65.09	绿豆 3-3	82.93
绿豆 3-5	93.09	绿豆 7-2	62.7
绿豆 3-4	83.98	绿豆 6-1	51.61
绿豆 4-3	118.9	绿豆 4-2	81.64
绿豆 5-3	91.17	绿豆 8-3	32.58
绿豆 1-3	104.27	绿豆总重	2820.58
绿豆 3-1	130.13	平均	88.14313

8. 绿豆信息调研

通过与相关技术人员进行实地问询，我们成功获取了主要杂粮种类以及它们的产量信息。此外，我们还了解到了施肥、灌溉、除虫剂和除草剂的施用状况，这些信息对于我们的研究具有重要意义。进一步，我们获得了各种杂粮的种植时间、收获时间、生育期和物候期等关键信息。这些数据对于制定农业计划、优化生产管理以及预测作物产量等方面具有重要价值。特别是对于绿豆这一作物，我们获取了详细的信息，具体内容请参见本章附录。这些信息将为我们开展杂粮作物的研究和监测提供有力的支持，帮助我们更好地了解绿豆的生长特点和发展趋势。

通过与专业人士的深入交流和调研，我们积累了丰富的实地经验和专业知识，为后续的研究工作奠定了坚实的基础。

（三）面积提取和产量预测方法

1. 光谱特征及纹理特征的选择与计算

国内外的学者通过研究发现，农作物在不同波段的光谱反射率存在显著差异，并且每种作物在整个生长期内的光谱特征也呈现出明显的变化。基于这一发现，研究人员可以构建完整的植被时序曲线，以区分不同的农作物类型。为了提取杂粮的种植面积，选择 Sentinel-2 影像的红、绿、蓝、近红外、红边波段以及中红外波段，并利用这些波段计算了常用的指数如归一化差异植被指数（Normalized Difference Vegetation Index，NDVI），作为提取杂粮面积的光谱特征。此外，还选取了二阶矩阵、自相关、对比度、方差、信息熵等八种常用的灰度特征。通过综合利用这些光谱特征和灰度特征，能够从遥感影像数据中有效地提取出杂粮的面积信息。这些特征的选择和分析为我们深入研究农作物监测和分类提供了重要的方法和手段，有助于实现对农田的高精度识别和监测。

归一化差异植被指数（NDVI）的计算公式为：

$$NDVI=\frac{NIR-RED}{NIR+RED}$$

其中，NIR 为近红外波段，RED 为红波段。

比值植被指数（Ratio Vegetation Index，RVI）的计算公式为：

$$RVI=\frac{NIR}{RED}$$

其中，NIR 为近红外波段，RED 为红波段。

灰度共生矩阵是指通过灰度的空间相关特性来描述纹理的统计方法。共生矩阵的方法用条件概率来反映纹理，是相邻像素的灰度相关性表现，通过这些纹理度量大小和元素分布情况，来反映图像纹理粗细情况。

选取的特征之间存在相关性，计算量大而且容易产生冗余，我们需要对特征进行优选，本文主要通过主成分分析法（PCA）实现。

2. 分类算法方案的选择

将 NDVI、RVI 等植被指数的时间序列，一些 Sentinel-2 的光谱波段（Red，NIR，SWIR，红边波段），植被的纹理特征等作为特征变量输入到分类算法中，将野外采集的数据作为训练样本和验证样本。对乌兰花镇的遥感影像使用机器学习的方法，分别使用随机森林分类、支持向量机、最大似然法进行分类。

随机森林（Random Forest，RF）算法是一种强大的机器学习算法，它基于分类与回归决策树，通过组合多个决策树来提高分类准确度。相比其他分类算法，随机森林对参与分类的变量没有限制，因此在处理高维数据分类时，更能体现出速度快、精度高、稳定性好等优势。对于作物多光谱数据，使用随机森林算法进行分类不需要事先进行光谱特征提取，这意味着在实施分类的同时，就可以

对多光谱变量进行筛选优化，提高分类准确度。随机森林算法还可以有效地处理数据中的噪声和缺失值，并可以对输出变量的重要性进行排序。

支持向量机（Support Vector Machine，SVM）算法是一种常用的机器学习算法，用于解决分类和回归问题。SVM 算法的基本原理是将数据映射到高维空间中，在该空间中寻找最优超平面来实现分类或回归。具体来说，SVM 算法的目标是找到一个超平面，使得支持向量到超平面的距离最大化，这个距离也被称为“间隔”（margin）。在实现中，可以通过拉格朗日乘子法来求解最优超平面的问题。SVM 算法的特点是具有很好的泛化性能，对于高维、非线性的数据分类效果较好。在进行 SVM 分类器训练时，需要选择合适的核函数，例如，线性核函数、多项式核函数、径向基核函数等，以最大化分类精度。同时，还需要选择合适的正则化参数来避免过拟合。

最大似然分类是一种基于统计学原理的遥感图像分类方法，其基本思想是寻找最大似然估计函数来实现分类。最大似然分类的假设是，每个类别的像元的统计分布都服从某种概率分布，通过最大似然估计函数来寻找最优分类结果。具体来说，最大似然分类的过程可以分为以下几步：首先，通过对训练样本进行统计分析，得到每个类别的概率密度函数。然后，对于待分类像元，计算其在每个类别下的概率密度，并选择具有最大概率密度的类别作为分类结果。在计算概率密度时，通常使用正态分布模型或混合高斯模型。

利用 ASD 采集到的光谱曲线并结合高光谱影像数据，选取差异较大的光谱波段构建杂粮指数，并将光谱波段和杂粮指数作为光谱特征输入到深度学习模型中进行更加精细的分类。

3. 地面测产

为了更准确地确定绿豆的产量，并与通过植被指数得出的预测产量进行比较，需要进行实地的测产工作，以获取精确的实测产量数据。

具体的测产方法是采用五点法，通过投掷测产框的方式，在每个地块内随机选择 5 个 1 m^2 的样方。然后，将测产框内的绿豆植株拔出并装袋。接下来，对装袋的绿豆进行上场脱粒，并测定其含水量。

通过这种测产方法，可以获取每个样方的绿豆产量，并进一步计算整个地块的实测产量。这些实测产量数据可以与通过植被指数计算得出的预测产量进行对比，以评估植被指数与实际产量之间的相关性和准确性。这样的实地测产工作对于验证和校准遥感数据分析结果，提高农作物产量估测的可靠性和准确性非常重要。

4. 遥感估产算法

利用多时像遥感影像，反演并计算归一化差异植被指数 NDVI、增强型植被指数 RVI 后，在充分了解研究区作物种植物候、历史产量等前提条件下，通过回归统计方法构建估产模型，利用历史产量和验证点进行模型精度验证分析。如图 4-21 所示。

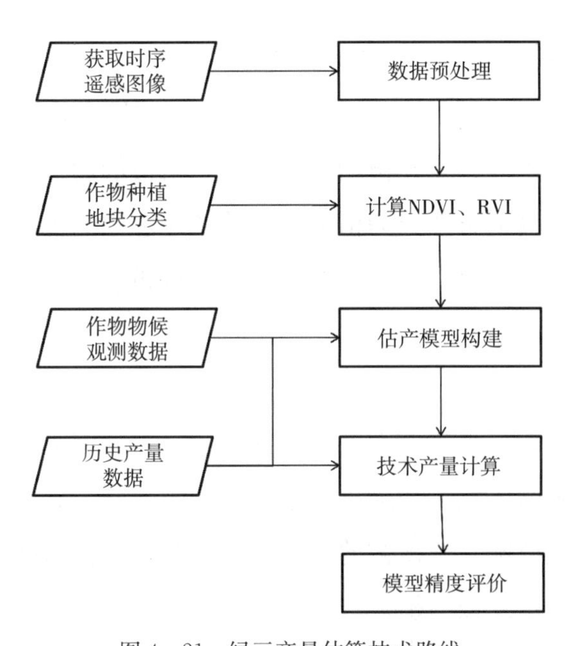

图 4-21　绿豆产量估算技术路线

（四）精度验证

使用混淆矩阵、Kappa 系数、用户精度以及生产者精度等精度评价指标来评估小杂粮分类提取精度；利用 R^2、偏差、均方根误差等统计指标及地面测产数据来验证绿豆估产精度。

混淆矩阵是用来表示精度评价的一种标准格式，是 n 行 n 列的矩阵，其中 n 代表类别的数量，p_{ij} 是分类数据类型中的第 i 类和实测数据类型中的第 j 类所占的组成成分；$p_{i+}=\sum_{j=1}^{n} p_{ij}$ 为分类所得到的第 i 类的总和，$p_{+j}=\sum_{i=1}^{n} p_{ij}$ 为实测所得到的第 j 类的总和。

基本的精度指标有：总体分类精度、用户精度和制图精度，它们从不同的侧面描述了分类精度，是简便易行并具有统计意义的精度指标。

（1）总体分类精度（Overall Accuracy）。

对于误差矩阵而言，$p_c=\sum_{k=1}^{n} p_{kk}/p$（$p$ 是样本总量），它表示的是对每一个随机样本所分类的结果与地面所对应区域的实际类型相一致的概率。就植被、非植被的划分而言，总体分类精度即指被正确分类（植被、非植被）的像元总和除以总像元数。

（2）用户精度（User's Accuracy）。

对于误差矩阵而言，第 i 类，其用户精度 $p_{u_i}=p_{ii}/p_{i+}$，它表示从分类结果（如分类产生的类型图）中任取一个随机样本，其所具有的类型与地面实际类型相同的条件概率。就植被、非植被的划分而言，植被的用户精度即指正确分到植被一类的像元总数与整个影像分为植被一类的像元总数的比率。是指正确分到 A 类的像元总数（对角线值）与分类器将整个影像的像元分为 A 类的像元总数（混淆矩阵中 A 类行的总和）比率。

（3）制图精度（Producer's Accuracy）。

对于误差矩阵而言，第 j 类，其用户精度 $p_{A_j}=p_{jj}/p_{+j}$，它表示相对于地面获得的实际资料中的任意一个随机样本，分类图上同一地点的分类结果与其相一致的条件概率。就植被、非植被的划分而言，制图精度即指将整个影像的像元正确分为植被一类的像元数与植被一类真实参考总像元数的比率。生产者精度是指分类器将整个影像的像元正确分为 A 类的像元数（对角线值）与 A 类真实参考总数（混淆矩阵中 A 类列的总和）的比率。

四、结果与精度分析

（一）乌兰花镇绿豆种植面积结果

基于决策树（CART Decision Tree）和随机森林（RF）两种方法的绿豆面积识别分类研究，其识别结果空间如图 4-22、图 4-23 所示。

通过混淆矩阵、总体精度、生产者精度、用户精度、Kappa 系数等评定绿豆面积识别的精度，并使用决定系数（R^2）、相对均方根误差（RMSE）结合实测产量来评定绿豆产量，分别见表 4-2、表 4-3。

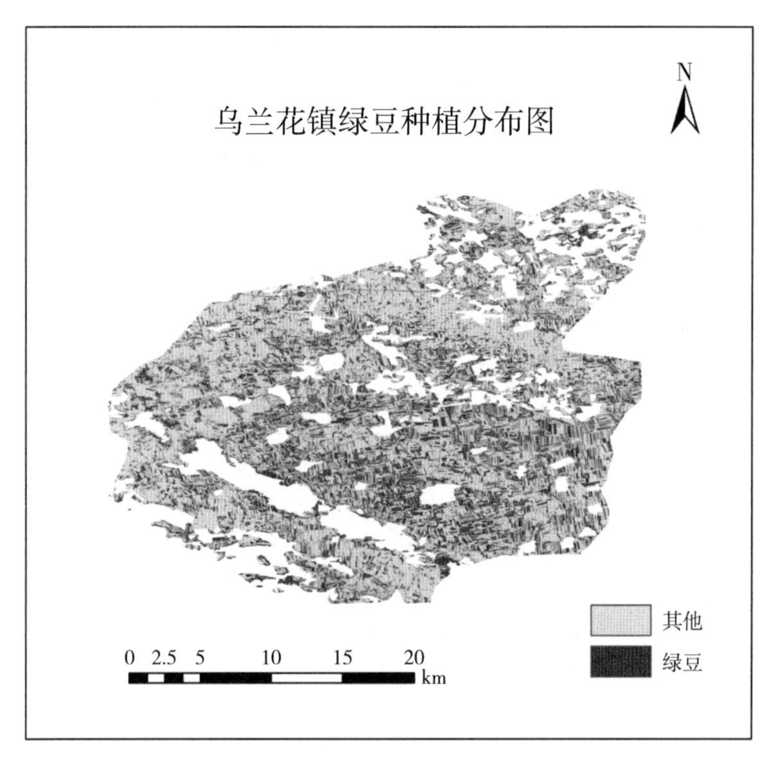

图 4-22　乌兰花镇绿豆种植面积遥感决策树方法识别结果

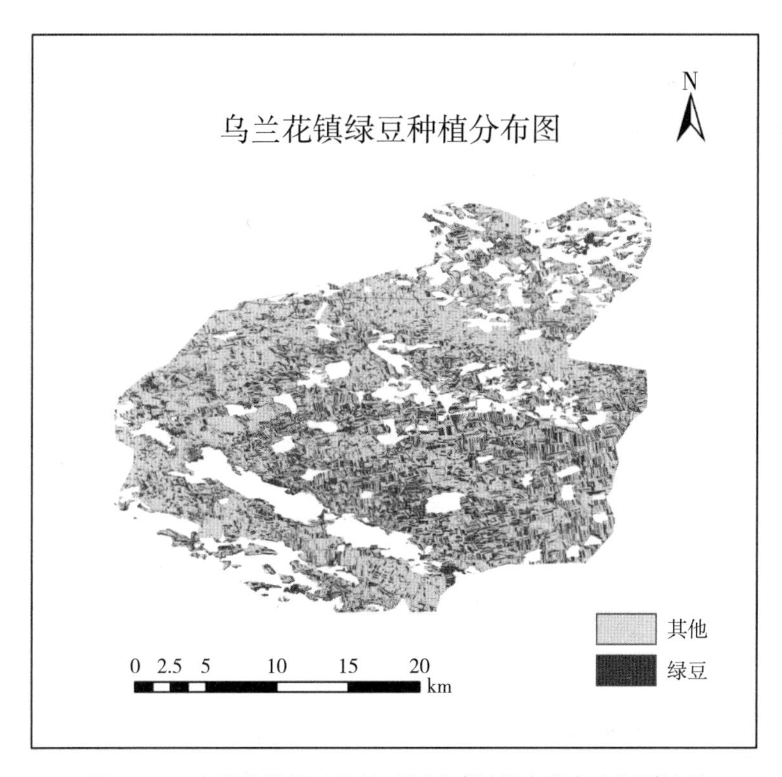

图 4-23　乌兰花镇绿豆种植面积遥感随机森林方法识别结果

表 4-2　决策树分类结果精度评价

地面样点		分类结果		
		绿豆	其他	合计
多时相多光谱数据＋NDVI时间序列＋RVI时间序列	绿豆	46	4	50
	其他	5	61	66
	合计	51	65	—
	PA	0.92	0.9242	—
	UA	0.902	0.938	—
	OA	0.9224	—	—
	Kappa	0.8422	—	—

表 4-3　随机森林分类结果精度评价

地面样点		分类结果		
		绿豆	其他	合计
多时相多光谱数据＋NDVI时间序列＋RVI时间序列	绿豆	45	3	50
	其他	6	60	66
	合计	51	63	—
	PA	0.9375	0.909	—
	UA	0.8823	0.9523	—
	OA	0.921	—	—
	Kappa	0.839	—	—

（二）乌兰花镇绿豆产量预测结果

实地测产结果为平均亩产 90.5 kg，即 1357.5 kg/hm^2。通过建立遥感植被指数和实测单产的关系，得到乌兰花镇单产空间分布（图 4-24）。

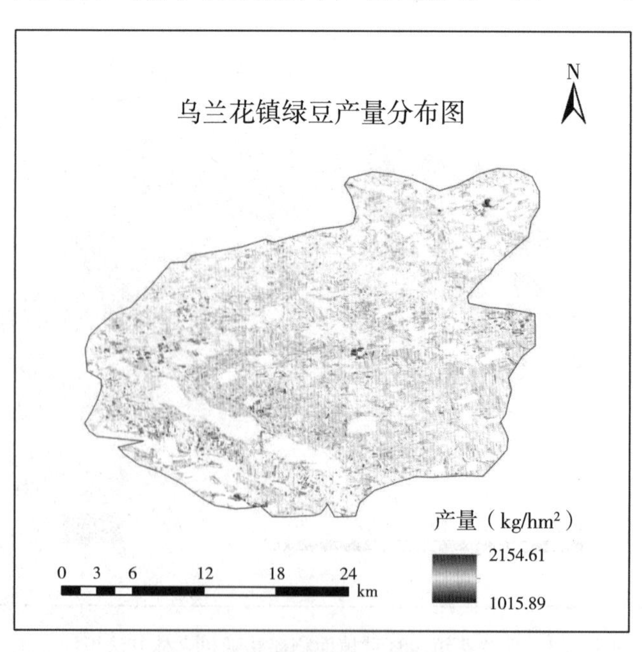

图 4-24　乌兰花镇绿豆产量空间分布图

附录　绿豆调研信息记录表

记录人：__________　　　　调研方式：√专家访谈　□入户调研

调研日期：__2020__年__8__月__26__日　星期__三__；

时间：________时________分；

调研地点：____乌兰花乡（镇）____村（组）

东经：__44.6°__北纬：__122.6°__

作物种类	绿豆
种植日期	6月10日前后7天
收获日期	9月10日—9月15日
产量（kg/hm²）	1000～2000 kg，播种7.5～10 kg种子
氮肥	N/P/K：15：15：15复合肥三个15
氮肥施用量	每公顷200～250 kg肥料，一袋50 kg，每袋120～130元
磷肥	叶面肥磷酸二氢钾，最多用三次，在开花期前7月左右，0.5 kg、1 kg或者2.5 kg溶于水喷洒叶面
灌溉方式（灌溉、雨养）	大部分雨养，部分灌溉（部分地块有滴灌水管）
灌溉量	无法确定，旱的话有条件浇一次
除草剂施用	施用烯草酮覆膜（黑膜效果更好，但更贵、不透明）
除虫剂施用	施用（蚜虫）
2019年作物	部分地块相同概率不大，不好的地块可能一直种绿豆
2020年作物	绿豆
备注	今年比较旱，旱的话可能会浇水，具体看地块好不好浇水
	绿豆可以固氮，一般与玉米轮种
	边起垄边施肥，边覆膜边播种（最早5月20日左右，最晚6月20日），一般起垄和播种之间间隔10～15天，起垄后灌水或者下雨不灌水，灌水后5天左右播种，具体根据土壤墒情决定

参考文献

[1] 王丽侠，程须珍，王素华．绿豆种质资源、育种及遗传研究进展［J］．中国农业科学，2009，42（5）：1519-1527.

[2] 王兰芬，武晶，景蕊莲，等．绿豆种质资源成株期抗旱性鉴定［J］．作物学报，2015，41（8）：1287-1294.

[3] 中华人民共和国国家统计局 .2018 年绿豆播种面积与绿豆产量［EB/OL］.http://data. stats. gov. cn/easyquery. htm? cn=C01. 2020-04-26.

[4] ITC 贸易地图［EB/OL］.https://www. trademap. org/. 2020-04-26.

[5] 戴高星．发展绿豆生产大有可为［J］．四川农业科技，2011，285（6）：18-19.

[6] 黄梦迪．不同品种绿豆及其豆芽品质研究与评价［D］．咸阳：西北农林科技大学，2020.

[7] 杜培林，田丽萍，薛林，等．遥感在作物估产中的应用［J］．安徽农业科学，2007（3）：936-938.

[8] 靳华安，王锦地，柏延臣，等．基于作物生长模型和遥感数据同化的区域玉米产量估算［J］．农业工程学报，2012，28（6）：162-173.

[9] 蒋旭东，徐振宇，娄径．应用 CBERS—1 卫星数据进行安徽省北部冬小麦播种面积监测研究［J］．安徽地质，2001（4）：297-302.

[10] 唐延林，黄敬峰，王秀珍，等．水稻、玉米、棉花的高光谱及其红边特征比较［J］．中国农业科学，2004（1）：29-35.

[11] 田鑫．内蒙古河套灌区沈乌灌域耕地灌溉面积与种植结构遥感监测研究［D］．呼和浩特：内蒙古农业大学，2019.

[12] 张健康，程彦培，张发旺，等．基于多时相遥感影像的作物种植信息提取［J］．农业工程学报，2012，28（2）：134-141.

[13] Nasrallah A，Baghdadi N，Mhawej M，et al. A Novel Approach for Mapping Wheat Areas Using High Resolution Sentinel-2 Images［J］.SENSORS，2018，18（7）.

[14] 汪松，王斌，刘长征，等．利用 Landsat 时序 NDVI 数据进行新疆石河子垦区灌溉作物分类［J］．测绘通报，2016，474（9）：56-59.

[15] 刘昊．基于 Sentinel-2 影像的河套灌区作物种植结构提取［J］．干旱区资源与环境，2021，35（2）：88-95.

[16] 王利民，刘佳，杨玲波，等．短波红外波段对玉米大豆种植面积识别精度的影响［J］．农业工程学报，2016，32（19）：169-178.

[17] 张鹏．基于最大熵增原理的科尔沁沙地蒸散发估算及区域水量平衡计算［D］．呼和浩特：内蒙古农业大学，2019.

[18] 翟涌光，屈忠义．基于非线性降维时序遥感影像的作物分类［J］．农业工程学报，2018，34（19）：177-183.

[19] Atzberger，C.，& Rembold，et al（2013）.Mapping the Spatial Distribution of Winter Crops at Sub-Pixel Level Using AVHRR NDVI Time Series and Neural Nets［J］.Remote Sensing，5，1335-1354.

[20] 陈骁．基于不完备时序数据的农作物动态识别方法研究［D］．杭州：浙江工业大学，2019.

[21] Xiong，L.，Peng，D. Y.，et al（2017）.An Enhanced Privacy-Aware Authentication Scheme for Distributed Mobile Cloud Computing Services. Ksii Transactions on Internet and Information Systems，11，6169-6187

[22] Mathur A，Foody G M. Crop classification by support vector machine with intelligently selected training data for an operational application［J］.INTERNATIONAL JOURNAL OF REMOTE SENSING，2008，29（8）：2227-22.

[23] Wang，L. X.，Marzahn，et al. Sentinel-1 InSAR measurements of deformation over discontinuous permafrost terrain［J］，Northern Quebec，Canada. Remote Sensing of Environment，2020，248.

[24] 徐新刚，吴炳方，蒙继华，等．农作物单产预测系统的设计与实现［J］．计算机工程，2008，302（9）：283-285.

[25] 陈仲新，任建强，唐华俊，等．农业遥感研究应用进展与展望［J］．遥感学报，2016，20（5）：748-767.
[26] 李昂．基于无人机数码影像的水稻产量估测研究［D］．沈阳：沈阳农业大学，2018.
[27] 王鹏新，胡亚京，李俐，等．基于 EnKF 和随机森林回归的玉米单产估测［J］．农业机械学报，2020，51（9）：135-143.
[28] 赵兵杰．基于 GF-1 与 Landsat-8 的种植结构提取与产量估测［D］．邯郸：河北工程大学，2019.
[29] 张义彬，王鼐，郭中校．吉林省西部杂粮生产和发展研究［J］．现代农业科技，2010，538（20）：100-101，103.
[30] 牛登霄．吉林省杂粮种植调查研究［D］．长春：吉林农业大学，2019.

第五章

以河北张家口为例的蚕豆、绿豆遥感监测应用

一、绪论

（一）杂粮在张家口的种植优势

小杂粮具有营养价值高、医疗保健和绿色健康等 3 个突出特点，杂豆、荞麦、燕麦等都是富含多种维生素、氨基酸和矿物质的健康食品，绿豆清热解毒，荞麦是糖尿病患者的保健食品。国际农业营养和卫生组织认为杂粮是尚未被充分认识和利用，具有特殊价值的经济作物[1]。随着人们越来越重视绿色、健康的保健食品，杂粮备受国内外消费者青睐，市场发展前景广阔。

河北省张家口市是一个农业大市，全市的粮食播种面积是 46.9 万 hm^2，粮食总产量是 179.7 万 t，粮食每公顷产量是 3831.6 kg。全市有农业用地 262.78 万 hm^2，其中旱坡地达 70.38 万 hm^2，旱作农业所占比重相对较大。由于地方经济发展落后，农业基础薄弱，十年九旱的气候特征对农业的威胁越来越严重。2007 年，张家口市旱灾严重，全市成灾面积 45.23 万 hm^2，直接导致粮食减产 542807 t[2]。如何利用资源大力发展旱作农业，对于保障张家口市粮食安全具有战略性意义。大力发展小杂粮产业，将有力促进地区农业结构调整和农业产业化发展。

小杂粮是张家口市传统种植的粮食作物，栽种历史悠久，分布范围广泛，而每类作物又相对集中，非常适合规模化和集约经营，品种繁多，主要有谷子、黍子、莜麦（裸燕麦）、高粱、荞麦等，杂豆主要有蚕豆、绿豆、芸豆、豌豆、红小豆、豇豆、扁豆、刀豆、桃豆（鹰嘴豆）等多个品种，种植面积达 20 万 hm^2，约占全市粮食播种面积的 40%。正常年景，全市小杂粮的产量约 80 万 t，约占

粮食总产量的50%。目前，张家口市已成为河北省小杂粮播种面积和产量最大的市区。小杂粮的种植对于张家口市的农业经济和粮食安全具有重要意义。首先，小杂粮的种植多样化能够提供丰富的食物选择和营养来源，对于满足当地居民的饮食需求具有重要意义。其次，小杂粮的种植方式更加灵活多样，适应性强，能够在不同的土地和气候条件下种植，减少了对耕地资源的竞争压力。此外，小杂粮作物的生长周期相对较短，可以与主要粮食作物错开种植，实现农业生产的多样化和高效利用。

（二）蚕豆简介

绿豆在上章已有介绍，本章不再赘述。而蚕豆（*Vicia Faba* L.）又称南豆、胡豆、佛豆、罗汉豆、兰花豆、坚豆等，属一年生或越年生草本植物。蚕豆喜光照，对水要求高，极度不耐旱，起源于西伊朗高原到北非一带，在我国已有2000多年的种植历史[3]，在我国各个省份均有种植，种植面积约86.71万hm^2，年产达180万t，占世界蚕豆种植面积的1/3以上[4]，我国是世界上最大的蚕豆生产国，且近几年种植面积仍在扩大，主要集中在江苏、湖北、云南和四川等省份。蚕豆作为优质的豆类作物，其蛋白质和淀粉含量高，脂肪含量低，用途广泛，现主要被用于鲜食产业、原粮贸易、食品加工、副产品加工、饲用及绿肥等方面。蚕豆中不仅富含蛋白质、淀粉类营养物质，还含有很多具有抗氧化、抗癌等生物活性物质。蚕豆粒种皮中还具有抗氧化、降血糖和降血脂的黄酮类和花青素类等酚类物质，是一种经济价值较高的粮、菜兼用作物，实施合理的耕作方式既有利于培肥农田土壤、减轻农田水土流失和土壤侵蚀，又能有效提高土地生产力，还能在一定程度上减少大气污染，有利于生态环境的改善[5]。

张家口市小杂粮的主产区坝上和坝下丘陵区的大气、土壤、水均没有受到污染。土壤类型以栗褐土、栗钙土为主，适宜小杂粮的大面积种植。由于气候凉冷、干旱，农作物病虫害较少，农民很少施用农药、化肥，非常有利于无公害食品和有机食品的发展。张家口市小杂粮品种多，质量好，无污染，营养价值高，在国内外享有盛名，其中有的品种已在国际市场创出品牌，受到外商的青睐。

（三）监测杂粮面积以及产量的重要性

杂粮的播种面积、产量信息是各地政府制定粮食政策和经济计划的重要依据[6]。快速、准确、大范围地对杂粮播种面积进行监测、产量进行估算，对政府和农业部门制定和调整农业政策，对农户及时获取农情信息都具有重要意义[7]。在张家口市，绿豆主产区主要集中在阳原县、蔚县和宣化区等几个相邻县区。阳原县实施了“优势小杂粮种植科技创新工程”，已初步形成了规模较大的小杂粮种植园区，其中包括谷子、绿豆、小米、黍子等多个作物。阳原县的绿豆种植面积达到了 1.34 万 hm^2，形成了一定的产量规模。而蚕豆的主要分布区域则在崇礼区和张北县等地。这些地区具备适宜的土壤和气候条件，非常适合蚕豆的生长。崇礼区和张北县等地的农民积极开展蚕豆种植，形成了一定的种植规模和产量。

为了更好地了解杂粮的种植情况，本章以阳原县为例进行了绿豆的分类情况分析，以张北县为例进行了蚕豆的分类情况分析。通过对不同地区的种植面积、产量等数据进行统计和分析，可以更全面地了解杂粮的种植状况和产量水平，为政府决策提供科学依据。

二、研究区介绍

张家口市，又称“张垣”“武城”，是河北省辖地级市，位于东经 113°50′—116°30′，北纬 39°30′—42°10′，东靠河北省承德市，东南毗连北京市，南邻河北省保定市，西、西南与山西省接壤，北、西北与内蒙古自治区交界，南北长 289.2 km，东西宽 216.2 km，面积 3.68 万 km^2。截至 2019 年，张家口市市辖 10 个县、6 个区。张家口市地势西北高、东南低，阴山山脉横贯中部，将张家口市划分为坝上、坝下两大部分。区域内洋河、桑干河横贯张家口市东西，汇入官厅水库。张家口市地处内蒙古高原和华北平原的过渡带，属寒温带大陆性半干旱气候。其气候特点是：四季分明，在十月就开始进入冬季，一直能持续到第二年的四月中旬，最低气温甚至能达到零下二三十度，冬季寒冷而漫长；春季干燥多风沙；夏季炎热短促，降水集中，有短时强降水和冰雹的发生；秋季晴朗冷暖适中，较为干燥，并伴随大风。昼夜温差大；雨热同季，生长季节气候爽凉；高温高湿炎热天气少。年降雨量 400～500 mm，少且分布不均，极易导致干旱发生。

张家口市拥有丰富的光能资源，是河北省乃至全国光照较高的地区之一，仅次于青藏高原和西北地区。全市年日照时数为 2600～3100h，日平均气温达到 10℃以上的期间日照时数为 1000～1600h，作物生长季节的月平均日照时数为 200～250h，最长日照时数甚至可达 15h，属于长日照地区。张家口市的年平均气温为－0.6～9.6℃，气温年较差为 32.1～36.8℃。作物的生育期一般在 4 月到 9 月之间，气温的日较差旬平均值为 10～17℃。这种大的气温差异是张家口市热量资源的一大优势。充足的光照和较大的昼夜温差与小杂粮生产所需要的气候特点相吻合。小杂粮作物通常喜欢温暖和充足的阳光，而张家口市的气候条件为小杂粮提供了良好的生长环境。

除此之外，张家口市的土壤类型主要包括栗褐土和栗钙土。这些土壤类型在大面积种植小杂粮方面非常适宜。栗褐土和栗钙土具有较高的肥力和优异的透气性，为小杂粮的根系生长和养分吸收提供了良好的环境条件。栗褐土是一种富含有机质和养分的土壤类型。它通常呈深褐色或棕色，含有较高的土壤有机质和丰富的养分，如氮、磷和钾等。这种土壤结构疏松，透水性良好，能够有效保持水分和养分，为小杂粮的生长提供了充足的水分和养分。栗钙土是一种富含钙质的土壤类型。它具有较高的 pH 和丰富的碳酸钙。这种土壤具有良好的透水性和透气性，根系能够自由生长，并顺利吸收土壤中的水分和养分。栗钙土还具有优异的保肥性能，能够在土壤中保持养分的释放和供应，为小杂粮的生长提供了持续的养分支持。

综上所述，张家口市拥有丰富的光照资源和较大的昼夜温差，加上适宜的土壤类型，使其成为小杂粮生产的理想地区[8]。这些气候和土壤条件为小杂粮的规模化种植提供了有利条件，也为张家口市成为河北省小杂粮播种面积和产量最大的市区奠定了基础。优越的自然条件决定了生产的杂粮不仅营养丰富，而且外观鲜亮，商品型好。

三、遥感数据源的选择与数据预处理

在监测阳原县要家庄绿豆和张北县白庙滩乡蚕豆种植面积时，使用了多种遥感数据源和技术。其中，主要的遥感数据源包括 Sentinel-2 卫星影像和高分辨率遥感数据。这些数据源提供了广泛覆盖和高分辨率的地表信息，用于获取绿豆和蚕豆的空间分布和种植面积。

此外，无人机影像也被应用于提取绿豆和蚕豆面积的小区域尺度影像。无人机影像具有较高的空间分辨率和灵活性，可以获取更详细的地物信息。它被用于提取光谱特征，通过光谱曲线分析来获取点位尺度的数据源。这些数据对于绿豆和蚕豆的分类和面积提取具有重要意义。

同时，辅助数据如 Globe Land 30 土地利用数据和采样数据也被应用在研究中。Globe Land 30 土地利用数据提供了全球范围内的土地利用分类信息，可以帮助识别和区分不同类型的土地利用，包括农田和其他地物。采样数据则提供了实地观测和验证的数据支持，用于评估和校正遥感数据的准确性和可靠性。

综合利用这些遥感数据源和辅助数据，研究者能够获取全面的信息，从而对阳原县要家庄绿豆和张北县白庙滩乡蚕豆的种植面积进行监测和评估。这些数据和技术的应用有助于提高绿豆和蚕豆种植面积提取的准确性和精度，为农业决策和土地管理提供可靠的数据支持。

（一）Sentinel-2 影像数据

Sentinel-2 卫星是由欧洲委员会和欧空局共同发射的一种对地监测卫星，包括 Sentinel-2A 和 Sentinel-2B 两颗卫星。其中，Sentinel-2A 是该系列的首颗多光谱成像卫星。它携带了一枚名为多光谱成像仪（Multispectral Imager，MSI）的仪器，能够提供宽视场（290 km）、较高的空间分辨率（10 m、20 m 和 60 m）、多光谱（13 个波段）以及较高的时间分辨率（10 d）。

通过 Sentinel-2A 和 Sentinel-2B 卫星的组合使用，可以实现 5 d 一次的重访周期，具有较高的时间分辨率，从而方便获取完整的时间序列影像。此外，Sentinel-2 卫星在红边范围内拥有多个波段，这使其非常适合用于植被的监测。因此，国内外的许多学者都利用 Sentinel-2 的时序遥感影像进行作物面积识别和产量估算的研究。

Sentinel-2 的时序影像数据具有多波段、高分辨率和较高的时间分辨率等特点，可以提供丰富的植被信息。通过分析不同波段的光谱反射特征，可以识别和区分不同类型的作物。同时，通过监测作物的生长变化和光谱指数，如归一化植被指数、差值植被指数等，可以对作物的生长状态进行评估，并据此估算产量。

综上所述，Sentinel-2 卫星的时序遥感影像数据在作物面积识别和产量估算方面具有广泛的应用价值。其多波段、高分辨率和较高的时间分辨率特点为研究者提供了丰富的信息，有助于对农田进行监测和分析，为农业决策和精细化管理提供重要的支持和参考。如图 5-1 所示为 GEE 下载界面。

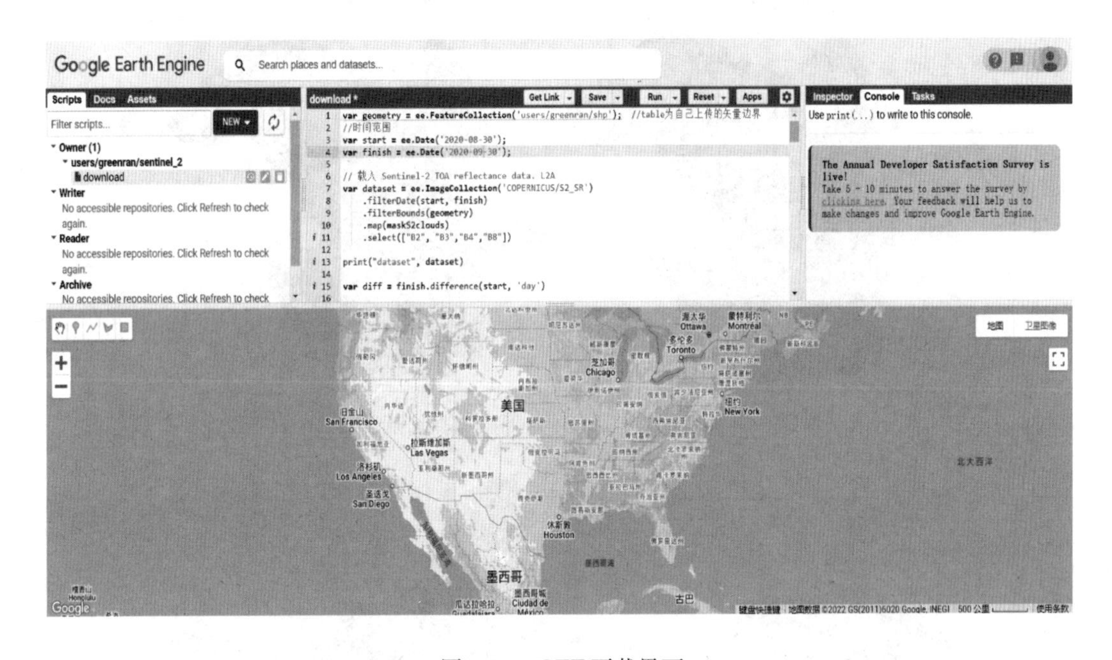

图 5-1　GEE 下载界面

本研究采用了经过大气校正和正射校正的 Sentinel-2 多光谱影像表面反射率产品，存储于 GEE 平台（https：//earthengine. google. com/）中。研究区域范围为张北县白庙滩乡和阳原县要家庄矢量图，时间范围为 2021 年 6 月 1 日至 9 月 30 日，主要针对绿豆和蚕豆的主要生长期。在 GEE 平台中，通过预处理的方式将整月的影像进行融合，最终分别获得了 6、7、8、9 月四幅影像用于后续分析（图 5-2、图 5-3）。GEE 平台提供了强大的数据处理和分析功能，能够快速处理大规模的遥感影像数据，并进行空间和时间上的分析。通过在 GEE 平台中进行数据处理和分析，我们能够更高效地利用 Sentinel-2 影像数据提取绿豆和蚕豆的相关特征，并对其生长情况进行评估和监测。

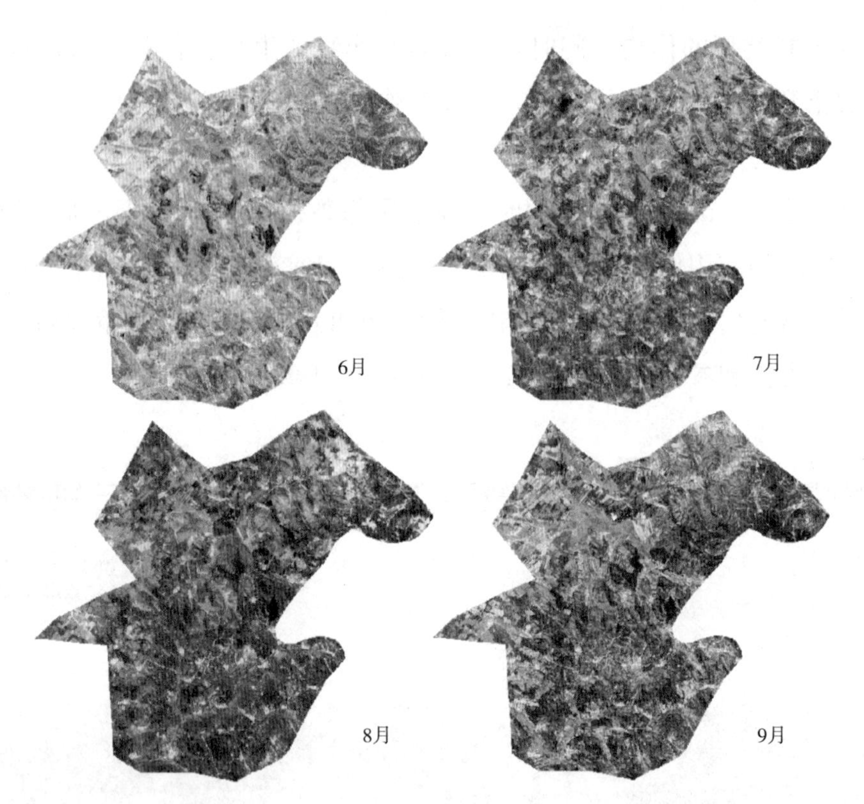

图 5-2 张北县白庙滩乡 2021 年 6—9 月 4 幅融合后的 Sentinel-2 影像

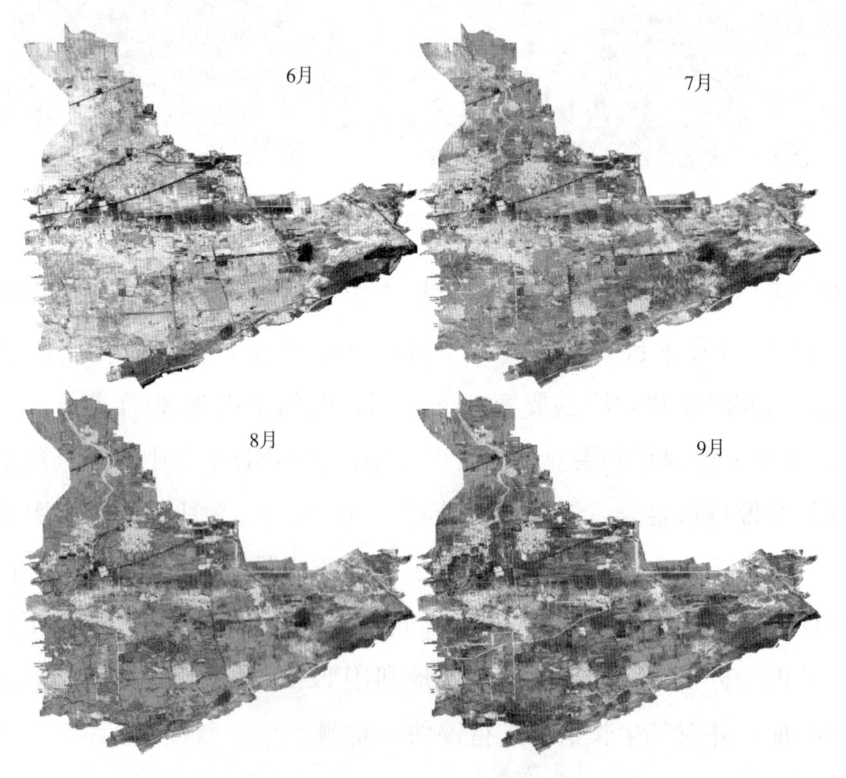

图 5-3 阳原县要家庄 2021 年 6—9 月 4 幅融合后的 Sentinel-2 影像

（二）GF-1 影像数据

GF-1 卫星是中国“高分辨率对地观测系统”项目的首个卫星，于 2013 年 4 月 26 日由长征二号运载火箭成功发射升空。作为一颗光学成像被动遥感卫星，GF-1 卫星已经在轨道上持续观测超过十年的时间。

GF-1 卫星搭载了多种载荷，其中包括 2 台高分辨率相机和 4 台中分辨率相机，以及相应的高速数据传输系统。这些相机能够提供高质量的遥感影像数据，用于地表特征的监测和分析。此外，GF-1 卫星还搭载了四个宽幅相机（Wide Field of View，WFV），每个相机的幅宽可达 200 km，理论上具备每 4 天覆盖一次中国全境的能力。WFV 相机的波段设置包括蓝光、绿光、红光和近红外波段，星下点像元的分辨率大约为 16 m。

GF-1 卫星以其高空间分辨率的空间观测能力，在遥感监测、农作物识别和生态环境等领域提供了许多有价值的数据和服务。这些数据可以用于监测土地利用、植被覆盖、水资源变化等方面的信息，对于环境保护、资源管理和灾害监测等方面具有重要意义。GF-1 卫星作为中国“高分辨率对地观测系统”项目的首个卫星，具备了高质量、高空间分辨率的观测能力，为遥感应用提供了可靠的数据来源，为各个领域的研究和决策提供了重要支持。

四、野外调研方案方法

（一）准备工作

1. 材料与工具准备

手持 GPS、无人机、铲子、塑封袋、马克笔、口罩、土样采集卡、野外调研表、光谱信息表、电脑、硬盘、充电宝、手套等。

2. 矢量范围及路线规划

根据张家口绿豆和蚕豆的种植分布情况，我们选择了张北县白庙滩乡和阳原县要家庄作为蚕豆和绿豆分类的典型地块。为了采集野外验证点的经纬度信息，我们使用了奥维互动地图平台。首先，我们将张北县白庙滩乡和阳原县要家庄的矢量范围转换为 kml 格式，然后导入奥维互动地图，以作为野外采集验证点的范围参考。

在选择验证点时，考虑了当地交通通达情况，并尽量选取位于道路两旁、远离村庄驻地和高压线的地点。这样可以确保我们获取的验证点能够较好地代表整个绿豆和蚕豆种植区域。尽量使验证点均匀分布，以获得全面和准确的数据出厂。

通过以上步骤，我们能够在实地采集验证点的过程中，获取各个地块的经纬度信息，并结合奥维互动地图的功能，对这些验证点进行标注和记录。这样的数据收集方法可以有效支持我们的研究工作，确保所获得的结果具有可靠性和代表性。

综上所述，通过利用奥维互动地图平台和合理选择验证点的方法，能够获取张北县白庙滩乡和阳原县要家庄的绿豆和蚕豆种植区域的经纬度信息（图 5-4），为后续的分类和分析工作提供准确的地理参考。

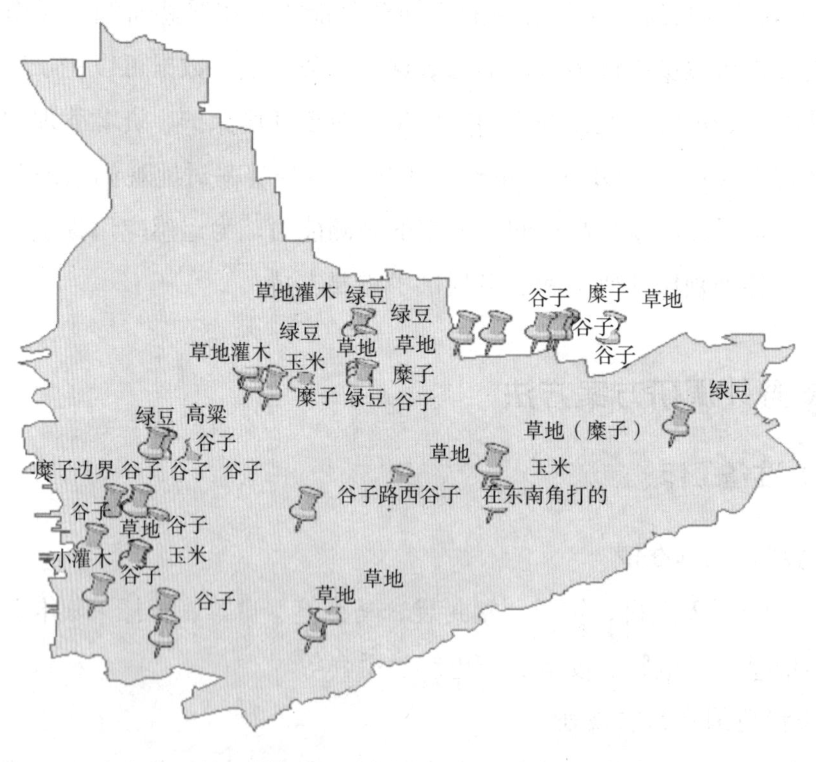

图 5-4　阳原县矢量范围及实地打点情况

（二）张家口豆类主要指标采集

张家口野外观测每 15 d 采一次样，直至作物生长期结束，主要测定以下指标。

1. 试验地经纬度数据

见表 5-1。

表 5-1

经度（°）	纬度（°）	经度（°）	纬度（°）
114.2433	40.10732	114.2752	40.09871
114.2387	40.09457	114.6294	40.1544
114.247	40.08	114.1506	40.06656
114.2265	40.16793	114.14	40.06966
114.2847	40.11411		

2. 田间管理数据

（1）作物品种。

作物品种主要为绿豆、蚕豆。

（2）作物种植密度（田块面积除以每棵作物所占的面积。例如 1 亩地≈667 m^2，行距是 0.8 m，株距 0.25 m，其种植密度就是 667÷（0.8×0.25）＝3335 棵/亩），每个试验点测量行距与株距，取 5 块 1 m^2 的地块算种植密度，最后取平均值作为该地的种植密度。

（3）了解施肥和灌溉等农事活动的日期和数量。见表 5-2。

表 5-2　农事活动日期及数量信息

地点	播种作物	播种时间	每亩施肥管理（kg）	行距（cm）	株距（cm）	收获时间
阳原县	绿豆	2021 年 6 月 26 日	50 kg	50	20.6	2021 年 9 月 11 日
张北县	蚕豆	2021 年 5 月 20 日	15 kg（雨养，不追肥）	300	90	2021 年 9 月 6 日

3. 作物生长期

豆类的播种、出苗、分枝期、开花结荚期、鼓粒成熟期时间，同步测量株高（表 5-3）。

表 5-3　作物生长期相关信息表

时间	作物	株高（cm）
2021\07\22	绿豆	45
	绿豆	39
	绿豆	38
	绿豆	45
	绿豆	46

（续）

时间	作物	株高（cm）
2021\07\22	绿豆	42
	蚕豆	64
	蚕豆	66
	蚕豆	61
	蚕豆	61
	蚕豆	50
	蚕豆	60
2021\08\31	绿豆	42
	绿豆	53
	绿豆	40
	绿豆	38.5
	绿豆	49
	绿豆	37
	绿豆	39
	绿豆	41
	绿豆	38
	绿豆	34
	蚕豆	88
	蚕豆	65
	蚕豆	84
	蚕豆	80
	蚕豆	80
	蚕豆	64
	蚕豆	63
	蚕豆	81
	蚕豆	67
	蚕豆	87
	蚕豆	72
	蚕豆	61
	蚕豆	73
	蚕豆	63
	蚕豆	76

4. 植株生物量测

作物根、叶、茎以及开花结荚期后豆荚的生物量、总干物质、鲜重测定后在105℃杀青15分钟，然后在80℃下烘干至恒重，获取干重。

5. 土壤理化参数

这包括田间持水量、凋萎系数、有机质含量、氨态氮、硝态氮、pH、土壤容重等。每个试验点用铝盒取5个土样测土壤含水量，同步用自封袋取两份大约100g土样，其中一份用冰盒冷藏结果见表5-4。

表5-4 土壤理化采样结果

实验编号	速效磷含量（P，mg/kg）	有机质含量（g/kg）	土壤全氮（N，g/kg）	pH
1	23.46	13.25	0.80	8.66
2	28.10	14.18	0.75	8.67
3	49.46	16.37	0.84	8.42
4	47.44	16.20	0.88	8.08
5	18.63	12.67	0.67	8.67
6	15.20	11.08	0.56	7.46
7	28.10	12.17	0.67	8.68
8	28.70	11.03	0.60	7.52
9	24.87	10.79	0.50	6.36
10	25.48	11.86	0.60	8.76
11	12.58	16.87	0.88	8.52
12	10.77	15.01	0.79	8.66
13	7.95	15.97	0.86	8.73
14	12.18	16.77	0.87	8.68
15	11.17	15.05	0.82	8.58
16	22.05	13.23	0.80	8.7
17	50.26	15.57	0.96	8.7
18	43.81	14.72	0.77	8.7
19	49.05	15.30	0.85	9.6

（续）

实验编号	速效磷含量（P，mg/kg）	有机质含量（g/kg）	土壤全氮（N，g/kg）	pH
20	29.31	16.85	1.07	7.92
21	18.83	12.64	0.71	8.78
22	19.63	10.81	0.65	7.07
23	32.93	8.71	0.43	8.22
24	35.75	10.81	0.54	8.52
25	26.49	9.97	0.64	8.87
26	8.96	15.81	0.91	8.77
27	8.55	16.69	0.91	8.78
28	7.75	14.07	0.80	8.72
29	6.74	13.46	0.72	8.77
30	6.94	14.49	0.68	8.82
31	32.98	12.35	0.68	7.8
32	21.47	11.89	0.71	8.78
33	31.13	12.12	0.63	7.88
34	27.63	9.64	0.57	8.88
35	27.84	9.36	0.50	9.01
36	60.10	11.84	0.61	6.35
37	25.17	9.33	0.48	8.9
38	20.85	8.71	0.39	8.33
39	13.45	10.19	0.48	8.9
40	22.29	9.31	0.40	8.64
41	3.38	16.46	0.77	8.77
42	2.97	14.61	0.67	8.89
43	2.15	13.47	0.56	8.96
44	3.59	15.70	0.74	8.93
45	5.23	15.29	0.67	8.89

6. 叶面积指数

利用Sun Scan仪器同步测量LAI，只测量绿豆地（阳原县）试验点，每次采集至少 10 次。

7. 无人机数据

同步飞无人机，获取作物生长期无人机影像数据。飞行步骤与参数设置参考上一章。

8. 产量

收获期在长势均匀处每个试验地取 5 块 1 m^2 作物进行考种，考种主要测豆荚数、豆粒数、豆荚与豆粒质量。

五、结果与精度分析

（一）种植面积结果

基于支持向量机进行阳原县要家庄的绿豆面积和张北县白庙滩乡蚕豆识别分类研究，其空间识别结果如图 5-5、图 5-6 所示。精度验证选用总体分类精度（Overall Accuracy）、用户精度（User's Accuracy）、制图精度（Producer's Accuracy）（表 5-5、表 5-6）。

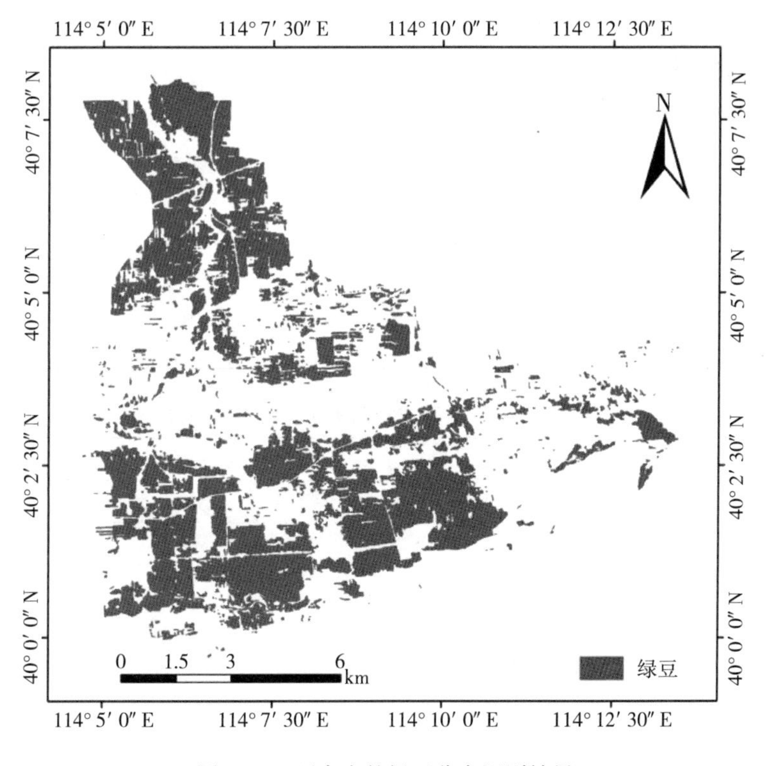

图 5-5　要家庄的绿豆分布识别结果

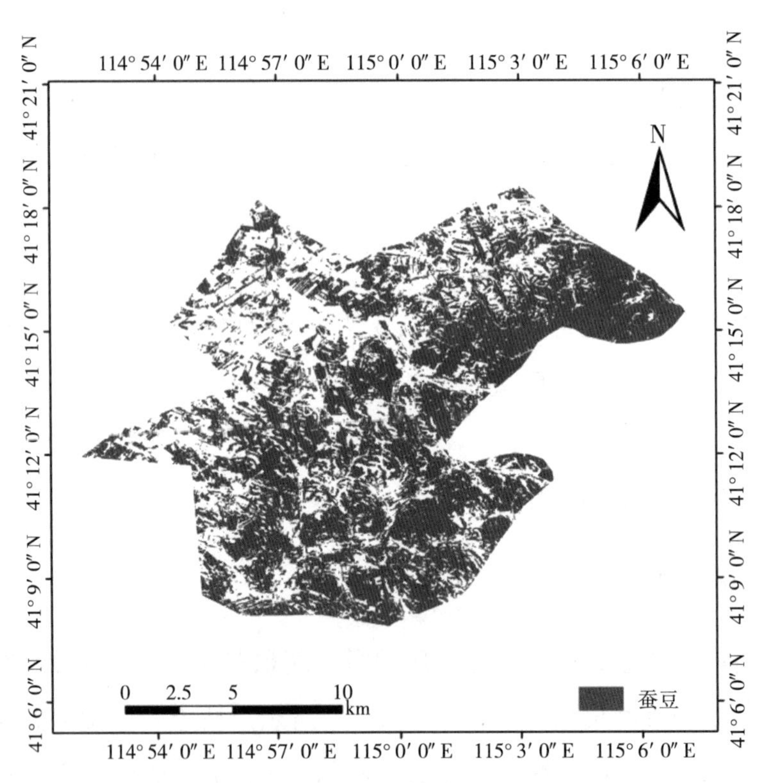

图 5-6 白庙滩乡蚕豆分布识别结果

表 5-5 要家庄绿豆支持向量机分类结果精度评价

地面样点		分类结果		
		绿豆	其他	合计
多时相多光谱数据＋NDVI 时间序列＋RVI 时间序列	绿豆	50	10	60
	其他	6	60	66
	合计	56	70	
	PA	0.91	0.9196	
	UA	0.932	0.934	
	OA	0.93		
	Kappa	0.8375		

表 5-6 白庙滩乡蚕豆支持向量机分类结果精度评价

地面样点		分类结果		
		蚕豆	其他	合计
多时相多光谱数据＋NDVI 时间序列＋RVI 时间序列	绿豆	49	3	52
	其他	5	52	57
	合计	54	55	
	PA	0.9432	0.92	
	UA	0.942	0.932	
	OA	0.9125		
	Kappa	0.8478		

以上精度验证结果表明，基于支持向量机的分类方法在阳原县要家庄的绿豆和张北县白庙滩乡的蚕豆识别分类中表现良好。总体分类精度较高，说明模型能够准确地将绿豆和蚕豆进行分类。用户精度和制图精度较好，进一步验证了分类结果的可靠性和准确性。

这些精度评估指标为我们提供了对分类结果的定量评估，证明了基于支持向量机的方法在绿豆和蚕豆的识别分类任务中的有效性和可靠性。这些研究成果为阳原县要家庄和张北县白庙滩乡的农作物种植管理、农业政策制定以及农户决策提供了重要的参考依据。

（二）产量预测结果

通过建立遥感植被指数和实测单产的关系，得到阳原县要家庄的绿豆面积和张北县白庙滩乡蚕豆单产空间分布，如图 5－7、图 5－8 所示。

图 5－7　阳原县要家庄的绿豆产量预测结果

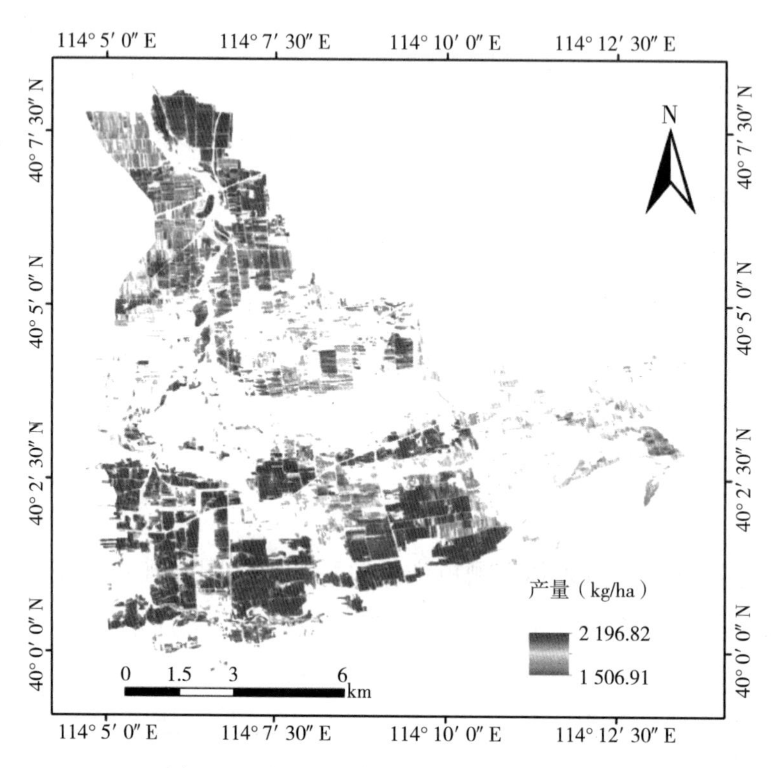

图 5-8　张北县白庙滩乡蚕豆产量预测结果

参考文献

[1] 朱芙蓉．找准优势和劣势，提升特色农产品产业竞争力——以宁夏特色农产品产业为例［J］．管理观察．2009，(50)：18-20.

[2] 张家口经济年鉴．2008［M］．北京：中国统计出版社，2009：1-50.

[3] 唐世明．蚕豆的应用现状和发展前景研究综述［J］．现代商贸工业，2019，40 (28)：185-186.

[4] 刘玉皎，张红岩，郭兴莲，等．基于“一优两高”战略的蚕豆产业认知与产业发展［J］．青海科技，2020，27 (6)：18-21.

[5] 曲佳佳．中国杂粮供求研究［D］．北京：中国农业科学院，2021.

[6] 杜培林，田丽萍，薛林，等．遥感在作物估产中的应用［J］．安徽农业科学，2007 (3)：936-938.

[7] 靳华安，王锦地，柏延臣，等．基于作物生长模型和遥感数据同化的区域玉米产量估算［J］．农业工程学报，2012，28 (6)：162-173.

[8] 林汝法，柴岩，廖琴，等．中国小杂粮［M］．北京：中国农业科技出版社，2005.

第六章

以云南大理为例的蚕豆遥感监测实践与应用

一、绪论

（一）蚕豆简介

蚕豆（*Vicia Faba*）是一种豆科植物，广泛分布于世界各地的温带和亚热带地区，包括欧洲、亚洲、非洲、北美洲等地。蚕豆作为一种重要的粮食作物，其栽培历史有4000年以上。在中国，蚕豆的栽培历史可以追溯到古代，主要分布在黄河流域、长江流域、东北地区等地，其余地区也有分布。长江以北以春播为主，长江以南以秋播冬种为主。中国有关蚕豆的记载，最早出现在西汉，《神农本草经》里曾有“张骞使外国得胡豆归”的记载。三国时代张揖撰《广雅》中有胡豆一词，公元1057年北宋宋祁撰《益部方物略记》中记载：“佛豆，豆粒甚大而坚。”

蚕豆根系发达，主根较长，侧根发达，茎呈直立或蔓生状，高度可达1.5 m以上。叶片为互生复叶，小叶片卵形或椭圆形，表面光滑，呈深绿色。花为蝶形花，通常为白色、淡紫色或淡粉色，由叶腋生出。其果实为荚果，形状呈线状、弯曲或弯折状，含有2～5颗种子。除了作为重要的粮食作物，蚕豆还被广泛用于生物医药和动物饲料领域。蚕豆中富含蛋白质、脂肪、糖类和多种微量元素，是一种重要的保健食品。同时，蚕豆具有很强的抗氧化、抗炎和抗菌作用，对于预防心血管疾病、肿瘤等有一定的调理作用。在动物饲料领域，蚕豆作为一种高蛋白饲料，在动物饲养中广泛应用，能够提高动物的生长速度和饲料的利用率。此外，蚕豆的根、茎、叶等部位也可以作为农业有机肥料，对于提高土壤质量和促进农作物的生长有一定的作用。

蚕豆具有固氮作用，其根瘤内的固氮细菌能够将空气中的氮气转化为植物可吸收的氮素，从而为植物提供了充足的氮源[1]。相比之下，许多作物需要从土壤中吸收氮素，当土壤中的氮素含量不足时，会对作物的生长和发育产生负面影响。蚕豆具有较强的耐旱和耐寒能力，能够在干旱和低温环境下正常生长和发育，从而降低了气候变化等环境压力对种植的影响。相比之下，一些作物对气候条件的适应性较差，因此会更容易受到极端天气事件的影响。蚕豆生长速度较快，从种子发芽到成熟只需要3～4个月的时间，可以适应不同的生态环境和种植模式[2]。同时，蚕豆作为一种绿色植物，可以起到防风固沙、改善土壤、保持水源等生态环保作用。蚕豆中的蛋白质和淀粉等成分可以应用于食品、饲料、医药和工业领域，具有广泛的应用前景[3]。综合来看，蚕豆作为一种优秀的农作物，在生态、经济和社会方面都具有重要意义。

（二）云南大理粮豆生产与模式

豆类是我国的传统农作物，我国是世界上最大的豆类生产国之一。豆类不仅具有丰富的营养价值和生态价值，同时具有很高的经济价值。豆类是一种重要的蛋白质来源，其中不少豆类蛋白质含量超过20%，远高于大多数主食类粮食作物，因此有助于补充人体所需的蛋白质。豆类除了富含蛋白质，还富含多种营养素，如碳水化合物、膳食纤维、维生素、矿物质等，能够提供人体所需的多种营养物质，有助于维持身体健康。不仅如此，豆类还含有多种生物活性成分，如异黄酮、黄酮、多酚等，具有抗氧化、抗炎、抗肿瘤、调节血糖等作用，能够降低多种慢性疾病的风险，如心脑血管疾病、肥胖症、糖尿病等。豆类的经济价值主要体现在食品工业、饲料工业、油脂工业、农业生产和减缓气候变化等方面。豆类具有较强的生长适应性和抗逆能力，能够适应不同的土壤和气候条件，对水、肥的需求也相对较低，因此在贫瘠、高寒等地区也能够生长。

云南省是中国西南地区的高原农业省，是一个典型的集“边疆、民族、山区”于一体的高原农业省，其地理位置和特殊的地形环境赋予了豆类生产独特的优势。豆类作物在云南省的粮食播种面积构成中占据着重要的地位，占据全省播种面积的13.4%左右。云南省豆类品种繁多，目前栽培的豆类有12个属、17个种。在蚕豆、豌豆、大豆、芸豆和其他杂豆，蚕豆的播种面积最大，达到了348万亩[4]。同时，云南省豆类的生产区相对较为集中，大理、昆明、红河州和普洱等地都是省内重要的豆类作物产地。云南省的豆类种植示范推广模式也相当多样化，包括蚕豆稻茬免耕高效种植模式、玉米间种豆类种植模式、秋大豆稻茬免耕种植模式、烤烟（玉米）套种长寿豌豆种植模式、小麦间种蚕豆种植模式和玉米间种豆类套种绿肥种植模式等。这些模式的实施使得豆类的种植和生产更加科学、高效和可持续。同时，云南省农业科学研究机构和农业技术推广部门不断探索和创新豆类生产技术，促进了云南省豆类产业的快速发展和进步。

大理白族自治州位于低纬度高原地带，是云南省重要的农业生产基地之一。随着农业科学技术的不断发展，大理积极推广食用豆、大麦、青稞等现代农业产业技术体系，致力于开展粮食作物新品种、新技术、新模式的试验示范工作，为该地区粮食生产的发展奠定了坚实基础。2021 年，全州粮食种植面积达 445.53 万亩，实现了 167 万 t 的粮食总产量，充分展现了大理粮食生产取得的显著成效。此外，大理是云南省最大的蚕豆生产基地之一，常年种植面积达到 65 万多亩，约占全省蚕豆种植面积的 18%[5]。目前，大理蚕豆种植已由传统的收干籽粒为主转向收鲜豆荚为主，将其发展为蔬菜作物，成为规模大、品质优良的新型农业支柱产业。据统计，大理蚕豆产业总产值已突破 12 亿元，农民增产增收效益显著，为该地区经济的可持续发展作出了积极贡献[6]。

（三）大理蚕豆种植现状介绍

大理地理环境的特殊性为蚕豆的生长和发育提供了独特的气候条件，其中日照时间长和昼夜温差大等气候特点对蚕豆的生长和发育有着重要的影响。为推动蚕豆产业的发展，大理农业科学院自 2008 年起承担国家食用豆产业技术体系大理综合试验站的建设任务，致力于蚕豆新品种的选育和栽培技术研究。通过不断推广蚕豆新良种，大理的蚕豆种植业具备了丰产稳产、品质好、投入少、产值高、用途广、商品率高等特点，成为当地农村产业结构调整的重要农作物，也是大理外销量最大的粮食作物之一。

截至目前，大理已经育成了 19 个具有完全自主知识产权的蚕豆品种，并通过省级审定。其中，“凤系”蚕豆品种已成为大理乃至云南省蚕豆主产区的主推品种，其品种包括凤豆“四号”“五号”“六号”“七号”“八号”“九号”和“十号”。与其他蚕豆品种相比，这些品种的亩产量最高可达 573.3 kg，较之增产约 18.5%[7]。这些成果的取得，证明了大理在蚕豆育种和栽培技术研究方面的卓越

成就。

（四）监测蚕豆面积的重要性

农田种植作物范围的精确提取是实现精准农业的基础和前提。作物面积是监测农业生产状况的一个重要的指标，快速准确地获取大面积作物的分布和面积信息，有利于农业生产计划的制订和农业生产管理。同时，利用作物面积数据结合其他农业统计数据和气象数据，可以预测相关作物的产量。相较于一些传统的提取作物面积的地面技术，遥感技术提供了一种快速、大范围以及高精度的作物面积提取技术。可以利用遥感技术提取作物种植面积的数据，帮助政府和农业部门制定合理的农业政策和规划，以达到优化农业资源利用的目的。

大理地处云南高原，气候温和湿润，日照时间长，拥有丰富的水资源和土地资源，这些都为当地的农业生产提供了良好的条件。由于地理位置和气候条件的不同，大理地区种植的作物多种多样。作为当地重要的经济作物，利用遥感技术监测蚕豆的种植面积，为蚕豆生产提供实时的数据支持，对蚕豆生产的调控和管理十分重要。

二、研究区介绍

大理位于云南省中部偏西，地理位置为东经98°52′—101°03′，北纬24°41′—26°42′，土地总面积29459 km^2，地处云贵高原与横断山脉结合部，即低海拔到高海拔的过渡带上，地势起伏较大，西北高、东南低。大理现辖1市8县以及3个自治县，即大理市与宾川、祥云、弥渡、永平、云龙、洱源、剑川、鹤庆8个县，以及漾濞、巍山、南涧3个少数民族自治县，是中国西南边疆开发较早的地区之一。

大理东北部为滇池高原山地，该地区山峰峭立，峰峦连绵，气温低，有高山草甸和森林等自然景观。大理西部为滇西北山地，平均海拔为2000～3000 m，其中大部分为山地地貌，该地区地形复杂，山势险峻，气候凉爽，植被覆盖茂密。大理中部和南部为滇中高原，平均海拔1500～2000 m，该地区为低纬度高原，气候温和湿润，有许多农作物和果树种植，是云南省重要的农业生产基地。大理东南部为洱海平原，平均海拔约1900 m。该地区为盆地地貌，气候温和，土地肥沃，适宜农业生产和人类居住。北部剑川县与丽江市、兰坪县交界处的雪斑山为州内最高峰，最低点为云龙县怒江边的丙栗坝，海拔高差 3585 m。大理属低纬度高原季风气候，干湿季分明，雨热同期，气候受海拔影响大，呈现出明显的垂直分布特征，海拔越高气温越低，降水量越大。

大理有 160 多条大小河流遍布全州，呈羽状，主要属于金沙江、澜沧江、怒江和红河四大水系。全州植被类型繁多，野生动植物种类丰富，民族文化多元且丰富，自然景观和人文景观相互交融，使其成为全球生物多样性热点区域之一。大理独特的地理位置和复杂的地质构造，使得其生态系统具有高度多样性和独特性，包括森林、湿地、高山草甸等多种类型的生态系统。同时，大理拥有丰富的历史文化遗产和民族风情，使其成为研究生态系统、文化遗产保护以及生物多样性保护的重要区域。

三、遥感数据源的选择与数据预处理

（一）GF-6 影像数据

高分六号（GF-6）卫星于 2018 年 6 月发射，是高分一号卫星的姊妹星，其装载有 PMS 全色多光谱相机和 WFV 多光谱相机。相比于高分一号卫星，GF-6 的 WFV 多光谱相机增加了紫、黄波段以及两个红边波段，具有更高的植被识别能力。此外，GF-6 卫星的 WFV 多光谱相机幅宽达到 800 km，具有宽覆盖的数据获取能力。与此同时，GF-6 卫星还可以高频率地获取数据，重访周期可从 4 天缩短至 2 天，尤其是与高分一号组网运行后，时间分辨率更是得到了进一步提高。综上所述，高分六号卫星具备多项高级能力，可广泛应用于多个领域，有望推动我国遥感技术的发展（图 6-1）。

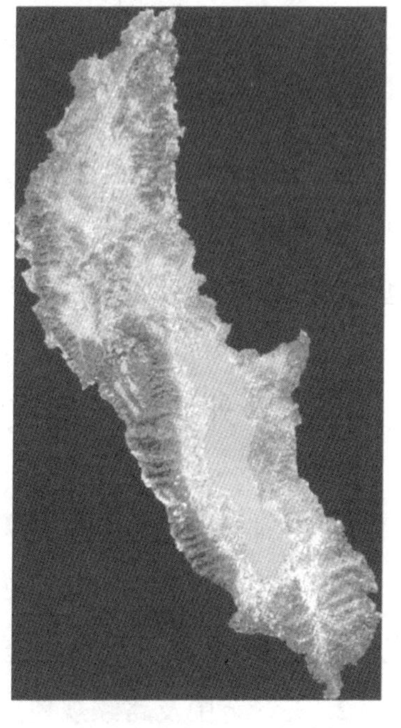

图 6-1　高分六号卫星影像数据

GF-6 影像的预处理在 ENVI 5.3 平台上进行，预处理的步骤包括辐射校正、FLAASH 大气校正和几何校正等。

（二）无人机影像数据

无人机采用的是大疆御 2 行业进阶版，该无人机搭载了先进的双光相机，包括 640×512 分辨率热成像相机和使用 1/2 in（in，非法定计量单位，1 in 约为 2.54 cm）CMOS 传感器并拥有 4 800 万像素的可见光相机。

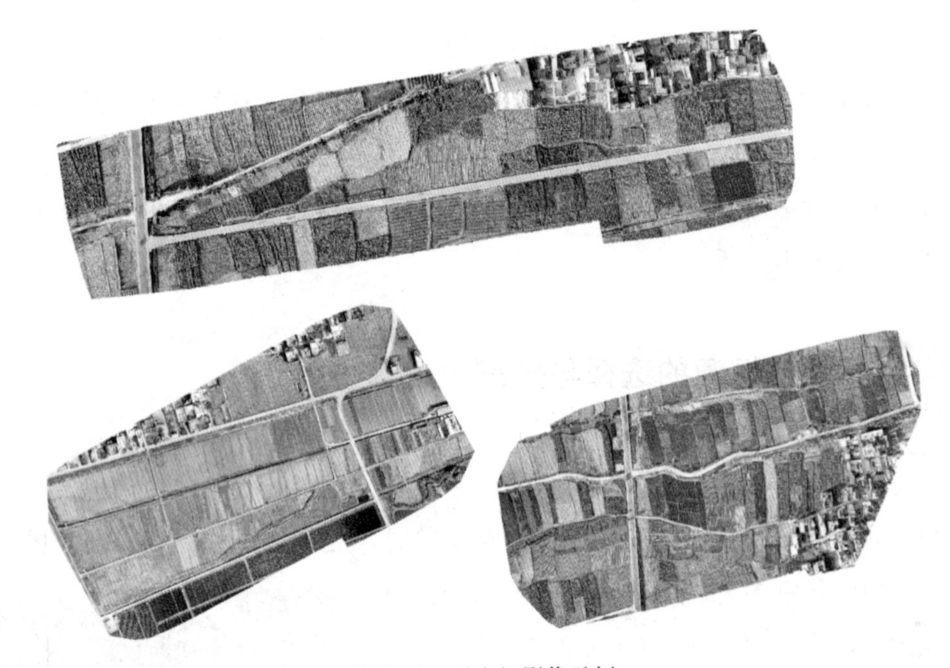

图 6-2　无人机影像示例

无人机影像的拼接在 Pix4D 中进行，根据架次进行拼接，最后得到目标区域的一幅完整的无人机影像。图 6-2 是部分无人机影像，可以看到在洱海流域耕地存在田块破碎度较高的特点，这也为精准的蚕豆种植面积提取造成了困难。

四、野外调研方案方法

1. 材料与工具准备

手持 GPS、手机、无人机及其相关配套设备、马克笔、口罩、野外调研表、光谱信息表、电脑、硬盘、充电宝、手套等。

2. 矢量范围及路线规划

根据大理蚕豆的种植分布情况，选取洱源县、喜洲镇、右所镇等地为蚕豆分类的典型地块。本次采集野外验证点的经纬度信息所使用的是奥维互动地图，将洱源县、喜洲镇、右所镇的矢量范围转成 Kml 格式之后导入奥维互动地图，作为野外采集验证点的范围参考（图 6－3）。

根据当地交通情况，选取合理的验证范围，尽量选取位于道路两旁，远离村庄驻地与高压线的地方，获取的验证点尽量均匀分布。

图 6－3　无人机蚕豆采样范围

五、基于深度学习作物面积的提取方法

（一）研究现状

遥感影像分类是利用影像中各类目标地物的光谱特征信息，进行统计分析、系统推理与类别判断，最终将目标识别分类的过程。这个过程也可以看作是从数字遥感影像中提取地物信息，反演地面原始状况的逆向成像过程。随着航天遥感技术的不断发展，人们可以获得越来越多的遥感数据，但如何高精度地对遥感影像进行分类仍然是遥感领域一直关注的问题。

传统的遥感影像分类方法通常是根据影像的光谱信息和构建的指数特征信息，在人工参与下完成影像的分类。然而，人工参与的过程存在一定的主观性，这导致了模型的适用性差、分类工作量大以及影像信息挖掘不充分等问题。近年来，随着计算机性能的不断提升，以卷积神经网络为基础的深度学习技术已经得到了广泛应用。这种技术已经在语音分析、人脸识别、目标监测、语义分割等领域取得了显著的成果，其运行结果的精度远远超过传统方法的计算精度。因此，利用深度学习技术进行遥感影像分类已成为一个重要的研究方向。这种方法可以有效地减少人工干预，提高分类的精度和效率，并且可以更充分地挖掘影像信息。相对于自然场景，遥感图像的成像过程更加复杂，因此其图像受到了尺寸大小、阴影噪声、纹理分布散乱等各种限制。尽管深度学习在遥感领域已经取得了一些进展，但其应用仍处于不断探索的阶段。尤其是如何利用深度学习技术更好地识别不同数据源中的植被、作物等地物信息，仍待深入挖掘。

近年来，遥感土地覆盖分类和植被面积提取等研究领域的学者利用深度学习方法展开了一系列探讨。Chen 等人[8]将深度学习的理念应用于高光谱数据分类中。该研究首先基于经典频谱信息的分类来验证堆叠式自动编码的标准，并提出了一种以空间主导信息分类的新方法。然后，结合主成分分析（PCA）、深度学习体系结构和逻辑回归特点，提出了一种新颖的深度学习框架。实验结果表明，该框架在高光谱遥感影像的准确分类研究领域具有巨大的潜力。Yuksel 等人[9]通过将堆叠式自动编码器与所需数量的自动编码器和 softmax 分类器组合，提出了一种深度神经网络，并将其用于高光谱遥感数据集。实验表明，该分类器能够准确地区分不同的土地覆盖类别，如混合阔叶天然林、农用地、道路和建筑物。该深度神经网络在高光谱影像信息提取的高效性方面表现出色。Kussul 等人[10]针对土地覆盖和作物类型识别，设计了一个以神经网络为核心集成的多层深度学习框架。他们利用该框架在像素级别上对多源多时相的 Landsat-8 和 Sentinel-1A 时间序列影像进行作物分类，并通过对比实验证明，基于 CNN 集成的架构对玉米和大豆等作物的识别效果明显优于具有 MLP 结构的分类模型。其分类精度可达 85%以上。这些研究成果表明，深度学习在遥感图像处理领域具有广泛的应用前景。林锦发[11]针对传统 U-Net 网络和 SegNet 网络的不足，提出了一种新的网络模型——DU-SegNet 网络模型，该模型将原始网络中的卷积操作升级为空洞卷积，以更好地学习原始图像的细节信息，从而有效提高了分割能力，准确率达到 92.45%。彭晓迪[12]则通过对高分二号高分辨率影像进行分类，对 U-Net 模型进行了强化改进，大大减少了参数模型，提高了训练和测试效率，分类结果更接近真实地区，破碎图斑更少，精确度更高。胡敏[13]在全卷积神经网络的基础上提出了边界约束的校正神经网络模型（BR-Net），通过加入边界约束网络，有效提升了城市建筑物的提取精度。徐文娜[14]通过将 U-Net 网络上采样模型改编为跳跃式连结，有效避免了影像细节特征的丢失，提高了耕地提取结果的细节准确性，从而进一步提高了耕地提取的精度。Wei 等人[15]提出了一种利用多时相双极化合成孔径雷达数据的大规模作物制图方法，降低了多时相 Sentinel-1 数据的冗余性并应对农户分散耕种模式带来的研究区域内农作物种植复杂化问题，其总体准确度为 85%，Kappa 系数为 0.82。相比传统的机器学习算法如 RF 和 SVM，该模型在复杂的作物种植结构下仍可以实现更佳的分类性能，是一种具有潜力的新型遥感图像分类方法。

（二）使用方法

根据各个深度学习模型的优缺点，我们选用 SegNet、U-Net 以及 DeepLabv3+进行云南大理地区蚕豆种植面积的提取，下面对这三种模型进行详细的说明。

SegNet 是一种基于卷积神经网络（CNN）的语义分割模型。它旨在将输入图像分割成具有语义意义的不同区域。SegNet 通过使用卷积神经网络的编码器-解码器结构来实现这一目标。其主要特点是在解码器阶段使用了一种称为“最大值池化的反卷积”的技术。SegNet 的编码器-解码器结构可以被视为一个特殊的 CNN 架构，其中编码器的任务是将输入图像压缩成一个小的特征图，而解码器的任务是将该特征图还原成与输入图像相同大小的图像，并为每个像素标注其类别。SegNet 的编码器与普通的卷积神经网络相似，其中包括卷积层和池化层。但是，SegNet 的解码器使用最大值池化的反卷积来将压缩的特征图还原成与输入图像相同大小的图像，同时保持像素级别的信息。这种技术可以有效地减少由于池化过程引起的信息丢失。SegNet 通过将最大值池化的反卷积应用于编码器的每个池化层的输出来执行解码操作。在这个过程中，最大值池化的反卷积运算将特征图的最大值位置传递到解码器中，以便精确地定位每个像素的类别。此外，SegNet 还使用了跳跃连接来将编码器中的高级特征信息传递到解码器中，从而进一步提高了分割精度。SegNet 是一种非常适合遥感地物分割的模型，因为它可以准确地提取并分割图像中的不同地物。使用 SegNet 进行遥感地物分割时，首先需要对训练数据进行标注，以便模型能够学习不同地物的特征。通常使用像素级别的标注数据，其中每个像素都被标记为相应的类别。然后，使用标注数据对 SegNet 进行训练，使模型能够学习从遥感图像中提取并分割不同地物的能力。

U-Net 是一种基于卷积神经网络的语义分割模型，它的名字源于其编码器-解码器结构的形状，类似于 U 形。U-Net 的独特之处在于它使用了跳跃连接来捕捉不同尺度下的特征，并将其用于解码器中进行更准确的分割。U-Net 的结构由一个编码器和一个解码器组成。编码器负责将输入图像压缩成一个小的特征图，而解码器则将特征图还原成与输入图像相同大小的图像，并为每个像素标注其类别。U-Net 的编码器采用卷积和池化的结构，而解码器则使用反卷积和卷积的结构。在解码器阶段，U-Net 使用跳跃连接来将编码器中不同尺度下的特征信息传递到解码器中，从而使得解码器能够利用来自不同层级的信息进行更准确的分割。跳跃连接是通过将编码器的特征图与解码器的特征图进行连接来实现的。这些连接允许解码器利用编码器中不同尺度下的特征信息，从而能够更准确地分割图像中的目标。U-Net 还使用了与 SegNet 类似的反卷积技术，以在解码器阶段保持像素级别的信息。U-Net 在遥感图像分割领域得到了广泛应用，常被用来从卫星、飞机等遥感传感器采集的图像中提取不同的地物，如建筑、道路、森林、湖泊等。总的来说，U-Net 具有对遥感图像高分辨率和复杂结构的处理能力，可以学习到复杂的地物特征，能够捕捉不同尺度下的特征，同时保持像素级别的信息，因此非常适合用于遥感地物分割。

DeepLabv3＋是一种用于语义分割的深度卷积神经网络，是 DeepLab 系列的最新版本。相比于之前的版本，DeepLabv3＋在多方面进行了优化，能够更准确地分割图像，具有以下特点：①空洞卷积（ASPP）模块：ASPP 模块是 DeepLabv3＋的核心模块之一，可以通过增加卷积核的空洞率来扩大感受野，从而捕捉更广泛的上下文信息，提高分割的准确性。②多尺度特征融合：DeepLabv3＋使用了多个不同尺度的特征图，通过一个特殊的模块将这些特征图进行融合，从而得到更全面的上下文信息，进一步提高了分割的准确性。③插值超分：DeepLabv3＋在解码器模块中使用了双线性插值技术，使得分割结果具有更高的分辨率。同时，解码器还利用了跳跃连接技术将低层特征和高层特征进行融合，提高了分割的精度。④基于 ResNet 和 Xception 的骨干网络：DeepLabv3＋使用了 ResNet 或 Xception 等深度骨干网络来提取特征，可以有效地处理输入图像中的低级特征和高级特征，并保留细节信息。在遥感图像分割等任务中，DeepLabv3＋可以通过对遥感图像进行预测来实现精确的地物分割。同时，由于 DeepLabv3＋在处理遥感图像时能够充分利用上下文信息，因此在进行地物分割时具有较高的准确性和稳定性。由于其在语义分割任务中的良好表现，DeepLabv3＋在计算机视觉领域得到了广泛的应用。

在遥感地物分割领域，SegNet、U-Net 和 DeepLabv3＋已经被广泛应用并取得了显著的成果。这些深度学习模型具有强大的图像分割能力，可以准确地识别和分割出图像中的不同物体。特别是在复杂地形和多种地物类型的遥感影像中，它们的性能表现更为出色。

我们选择了 SegNet、U-Net 和 DeepLabv3＋三种深度学习模型，并将它们应用于 GF-6 以及无人机影像上。通过对比分析不同模型的表现，选出最适合该地区的模型。

（三）精度检验

使用准确率、精确率、查全率和 Kappa 系数等精度评价指标来评估大理洱海区域蚕豆种植面积分类提取精度。

1. 准确率

准确率（Accuracy）是指分类器正确分类的样本数占总样本数的比例，用于评估分类模型的整体准确性。计算公式为：

$$准确率=(TP+TN)/(TP+TN+FP+FN)$$

其中，TP（True Positive）表示真正例的数量，即被正确分类为正例的样本数；TN（True Negative）表示真反例的数量，即被正确分类为反例的样本数；FP（False Positive）表示假正例的数量，即被错误分类为正例的样本数；FN（False Negative）表示假反例的数量，即被错误分类为反例的样本数。

2. 精确率

精确率（Precision）是指分类器正确预测为正例的样本数占预测为正例的样本总数的比例，用于衡量分类器的预测准确性。计算公式为：

$$精确率=TP/(TP+FP)$$

3. 查全率

查全率（Recall）也称为灵敏度（Sensitivity）或真正例率（True Positive Rate），是指分类器正确预测为正例的样本数占实际正例的样本总数的比例，用于衡量分类器对正例的检测能力。计算公式为：

$$查全率=TP/(TP+FN)$$

4. Kappa 系数

Kappa 系数（Kappa Coefficient）是一种衡量分类模型的一致性和准确性的统计指标。它考虑到了分类器预测的准确性与简单随机预测的准确性之间的差异。Kappa 系数的取值范围为［－1，1］，其中 1 表示完全一致，0 表示随机预测，－1 表示完全不一致。Kappa 系数越接近 1，表示分类器的准确性越高。计算公式为：

$$Kappa=(准确率-简单随机预测准确率)/(1-简单随机预测准确率)$$

简单随机预测准确率是指假设分类器预测完全随机的情况下的准确率，通常通过样本标签的分布来计算。

这些指标在评估分类模型性能时具有重要的意义，准确率衡量了整体的分类准确性，精确率和查全率则关注了分类器在正例和负例上的准确性和覆盖率，而Kappa系数则综合考虑了分类器的准确性和简单随机预测之间的差异。

六、三种深度学习方法精度分析对比

对于上述的三种深度学习方法在像元尺度上构建混淆矩阵，计算出各个精度指标，计算出的准确率、精确率、查全率和Kappa系数见表6-1。

表6-1　三种方法在大理洱海流域识别蚕豆种植面积评价指标

模型	准确率（%）	精准率（%）	查全率（%）	*Kappa*
SegNet	95.37	91.36	90.86	87.85
U-Net	96.91	93.30	94.19	89.85
DeepLabv3＋	97.54	94.91	95.23	89.91

从表中可以看出，对于蚕豆种植面积的提取，三种方法中DeepLabv3＋展现了最高的精度，U-Net次之，SegNet的表现最差。这些准确率比较结果表明DeepLabv3＋不仅在整体提取效果上具有优势，而且能够有效解决错分漏分等问题。

DeepLabv3＋在蚕豆种植面积提取中表现出色可以归因于其网络结构和训练策略的优势。DeepLabv3＋采用了深层卷积神经网络，能够捕捉到影像中丰富的上下文信息和深层次特征。同时，该方法还引入了空洞卷积和多尺度融合的技术，有效地提升了对小尺寸目标的识别和定位能力。此外，DeepLabv3＋在训练过程中使用了大规模的标记样本，通过充分学习样本特征，提高了模型的泛化能力和准确性。相比之下，U-Net虽然在准确率上稍逊于DeepLabv3＋，但它仍然展现了较高的性能。U-Net采用了编码-解码结构，能够有效地捕捉到不同尺度的特征，对于细节信息的保留和恢复有着良好的表现。虽然在边界细节的处理上可能略有不足，但在整体的蚕豆种植面积提取任务中仍然具有可靠的表现。至于SegNet，虽然其准确率相对较低，但95.37%的准确率仍然可接受。SegNet采用了编码-解码结构，但相较于 U-Net 和 DeepLabv3＋，它在网络设计和特征提取方面可能存在一定的限制。

综上所述，DeepLabv3＋在蚕豆种植面积提取中具有明显的优势，能够提供高精度和准确的结果。而 U-Net 和 SegNet 虽然在某些方面稍显不足，但仍然表现出可接受的性能。

七、大理洱海流域蚕豆种植面积结果

依据无人机影像，通过目视解译识别精确的蚕豆地块的分布，获取其蚕豆分布的矢量边界，将蚕豆边界标签输入 GF-6 影像，利用深度学习的方法进行洱海流域的蚕豆种植面积提取。最终获取了基于 DeepLabv3＋方法得到的洱海流域的蚕豆分布面积，如图 6－4 所示。

图 6－4　深度学习洱海流域蚕豆分布范围
（图中白色代表蚕豆分布范围）

八、讨论

根据综合分析，目前对于作物种植面积提取的研究显示，中分辨率遥感影像已经在该领域取得了一定的成功。这种遥感影像技术利用中等分辨率的传感器，能够获取到较大范围的图像数据，对于较大、相对均匀的田块中作物种植面积的提取已经取得了较好的结果。然而，在田块破碎度较高的地区，如大理地区，对于作物种植面积的提取精度仍然存在一些挑战和限制。

高田块破碎度区域表示农田被划分为许多小块，每块的面积相对较小。这会增加种植面积提取的困难，因为在中分辨率的遥感影像中，这些小块地物可能无法被准确地识别和分类。此外，高破碎度还意味着田块之间存在许多边界和过渡区域，使得作物与其他地物混合在一起，进一步增加了作物种植面积提取的复杂性。由于小块的地物在遥感影像中的尺度相对较小，其表现形式可能与周围环境相似，难以从影像中准确提取出来。此外，田块之间的边界和过渡区域可能模糊，使得作物与其他地物的辨别变得更加困难。在这种情况下，传统的遥感分类方法可能无法有效地分离作物区域和非作物区域。

为了解决这些问题，研究者开始采用高分辨率遥感影像，并利用深度学习这一方法来提高作物种植面积的提取精度和效率。高分辨率遥感影像能够提供更为详细的地物信息，包括小块的田地和更精细的边界。深度学习是一种机器学习的分支，通过构建深层神经网络模型，可以从大量的训练样本中学习到更高层次的特征表示，具备对复杂地表环境进行准确分类的能力。

在本研究中，我们旨在利用高分辨率遥感影像和深度学习网络模型，提取破碎度较高的耕地区域中蚕豆的种植面积。首先，我们将获取具有高空间分辨率的遥感影像数据，以获取更详细的地物信息。然后，我们将利用深度学习方法，构建适应于蚕豆分类和种植面积提取的神经网络模型。通过对大量标记的训练样本进行学习，该模型将能够识别和提取出破碎度较高的耕地中的蚕豆作物，并计算其种植面积。为了提高模型的准确性和泛化能力，我们将采用数据增强技术，对训练样本进行随机的旋转、缩放和平移等操作，以扩充训练数据集。此外，我们还将利用地面调查数据和农业统计数据进行验证和验证结果的精度评估，以确保提取的种植面积与实际情况一致。

通过本研究，我们期望能够提高蚕豆种植面积提取的精度和效率。准确的种植面积数据对于农业生产和土地管理至关重要，能够为农民、农业决策者和政府部门提供准确的农田信息，帮助他们作出科学决策、优化资源配置和制定有效的农业政策。此外，本研究的方法和技术也可推广应用于其他作物种植面积的提取和土地利用监测领域。通过结合高分辨率遥感影像和深度学习，可以提高对破碎度较高地区和复杂地表环境中作物种植面积的提取能力，为精细化农业管理和土地资源管理提供更可靠的数据支持。

我们的研究旨在利用基于高分辨率遥感影像和深度学习网络模型的方法，提高破碎度较高的耕地区域中蚕豆种植面积提取的精度和效率。我们深信这项研究成果将对农业生产和土地管理领域产生积极的影响，为决策者提供更准确、可靠的数据支持，推动农业可持续发展和精细化管理的实现。通过采用高分辨率遥感影像，我们可以获取更详细、更清晰的土地利用信息，包括蚕豆种植区域的空间分布和形状特征。同时，我们利用深度学习网络模型，通过大规模的训练数据集和复杂的算法模型，实现对蚕豆种植面积的准确提取和分类。

这项研究的成果具有重要意义。首先，精确提取破碎度较高的耕地区域中蚕豆种植面积可以为农业管理和决策提供准确的数据基础。决策者可以根据这些数据制定更科学合理的耕地利用政策，优化农作物的种植结构和布局，提高农业生产的效益和可持续性。其次，精细化的蚕豆种植面积提取有助于实现农业的精细化管理。通过了解不同区域的蚕豆种植面积和分布情况，农业管理者可以有针对性地采取种植技术，制定管理措施，提高耕地利用效率和作物产量，减少资源浪费和环境影响。最后，这项研究的成果对于推动农业可持续发展具有积极的意义。准确提取破碎度较高的耕地区域中蚕豆种植面积，有助于实现土地资源的合理利用和保护。通过精细化管理和决策支持，农业可以更好地适应气候变化和环境变化，促进农业的可持续发展。

参考文献

[1] 任家兵，张梦瑶，肖靖秀，等．小麦——蚕豆间作提高间作产量的优势及其氮肥响应［J］．中国生态农业学报（中英文），2020，28（12）：1890-1900. DOI：10. 13930/j. cnki. cjea. 200332.

[2] 薛晨晨，叶松青，张炯，等．不同春化时间对蚕豆生长和开花的影响［J］．浙江农业科学，2018，59（9）：1683-1686. DOI：10. 16178/j. issn. 0528-9017. 20180954.

[3] 杨海涛，刘军海．蚕豆蛋白质提取工艺的研究［J］．食品研究与开发，2008，147（2）：76-78.

[4] 杨旭，蔡晓琳，周琰，等．云南省粮豆高效种植技术推广与展望［J］．南方农机，2017，48（8）：52-53.

[5] 段银妹，尹雪芬，李江，等．大理州四季鲜食蚕豆高产栽培技术及发展成效［J］．农业科技通讯，2022，607（7）：185-188.

[6] 马艳，袁仕良，王丽琴，等．2020 年大理州蚕豆锈病重发生原因分析及防治［J］．云南农业科技，2021，322（5）：41-42.

[7] 陈志敏．与时俱进谱写科技兴农新篇章——记云南大理州农科所蚕豆研究室［J］．农村实用技术，2005（11）：1.

[8] Y. Chen，Z. H. Lin，X. Zhao，et al. Deep learning-based classification of hyperspectral data［J］. IEEE Journal of Selected topics in applied earth observations and remote sensing，2014，7（6）：2094-2107.

[9] M. E. Yuksel，N. S. Basturk，H. Badem，et al. Classification of high resolution hyperspectral remote sensing data using deep neural networks［J］. Journal of Intelligent and Fuzzy Systems，2018，34：2273-2285.

[10] N. Kussul，M. Lavreniuk，S. Skakun，et al. Deep learning classification of land cover and crop types using remote sensing data［J］. IEEE Geoscience and Remote Sensing Letters，2017，14（5）：778-782.

[11] 林锦发．基于深度学习的遥感图像语义分割方法研究［D］．广州：广东工业大学，2019.

[12] 彭晓迪．基于改进 U-Net 网络的高分二号遥感影像分类研究［D］．北京：中国地质大学，2020，28-31.

[13] 胡敏．基于深度学习的GF-2影像建筑物提取研究［D］．赣州：江西理工大学，2020. 33-35.
[14] 徐文娜．基于高分辨率全卷积网络的遥感影像耕地提取方法研究［D］．深圳：中国科学院大学（中国科学院深圳先进技术研究院），2020.
[15] Sisi Wei，Hong Zhang，Chao Wang，et al. Multi-Temporal SAR Data Large-Scale Crop Mapping Based on U-Net Model［J］. Remote Sensing，2019，11（1）.

第七章 ●●●

结论与展望

一、结论

本书通过针对吉林白城、河北张家口、云南大理三个地区的食用豆遥感监测和产量估计，系统阐述食用豆作物面积遥感识别等关键内容。农作物面积监测是农业生产管理的基础，对于优化农业种植结构、实现农业生产精准化管理及确保国家和地区粮食安全具有至关重要的意义。此外，准确的农作物面积监测也是实现农业可持续发展和提高农业生产效率的重要手段。因此，如何利用遥感技术快速准确地获取农作物类型、面积和空间分布信息是当前农业遥感研究的热点和难点之一。本书通过案例分析和实证研究，深入探讨了食用豆遥感监测和产量估计的实际意义，并为相关领域的研究者和决策者提供了重要参考。

传统农作物类型信息的获取主要通过走访调查，然而进行实地精细调查费时费力，且容易受到人为因素干扰，因此更新不够及时。随着遥感技术的发展，这种情况正在得到改变。遥感具有大面积、实时观测的特点，已成为快速和准确获取大范围的农作物空间分布信息的有效手段。在过去的 20 多年里，随着空间技术的不断发展，多传感器、多时间分辨率和多空间分辨率的遥感数据已广泛应用于我国农业遥感监测的研究和应用中。这些遥感数据不仅提供了农作物的类型信息，还可以提供有关农作物的生长状态、生长周期和生长速率等重要信息。这些信息对于指导农业生产、优化资源配置、提高农作物产量以及保障粮食安全等方面都具有重要意义。现代农业的发展需要科学的技术支持，高精度的区域农作物遥感识别方法的研究对于推动我国农情遥感监测和推动我国农业现代化发展都具有重要的现实意义。通过开展具有强普适能力、高精度的区域农作物遥感识别方法研究，可以实现对不同农作物类型的快速准确识别，为农业生产提供更好的技术支持，同时也可以为农业产量预测提供有力的前提条件。因此，农业遥感监测的研究和应用是促进我国农业现代化、保障粮食安全的必要手段，也是实现农业可持续发展的重要途径。

粮食产量估测对于保障社会民生、指导粮食生产、促进农业可持续发展等方面具有重要意义，尤其是在全球变暖和气象灾害频发的背景下。这些灾害给一些国家及地区带来了粮食危机，因此及时准确地监测粮食生产信息对于降低粮食安全风险至关重要。卫星遥感技术能够提供目标地物的生物物理信息，具有覆盖范围广、数据采集快、监测频次高等特点。利用卫星遥感数据进行估产，是卫星遥感技术在经济方面的重要应用，也是农业遥感的重要应用方向。通过使用卫星遥感技术对粮食估产，可以提高粮食生产力，预测粮食价格，提供人道主义救济，并为农业可持续发展提供技术支持。

一般来说，利用遥感技术进行作物监测的研究主要关注于小麦、玉米、水稻等主要粮食作物。随着人们对食品安全和营养均衡的重视，食用豆类作物逐渐引起广泛关注。然而，与主粮作物相比，食用豆类作物的遥感监测研究相对较为有限。这是由于食用豆类作物在生长过程中表现出较高的空间异质性，从而导致其在遥感影像中难以准确识别。同时，豆类作物的生长发育规律与主粮作物存在较大差异，因此需要建立更为精细的遥感监测模型以实现对其生长情况的监测和预测。本文通过应用遥感技术对豆类作物进行面积监测以及作物估产，提高了对食用豆类作物的监测和管理水平，为农业生产的可持续发展提供有效支持。

深度学习技术在遥感地物提取方面有很多优势，主要包括以下几个方面。

（1）自动化。深度学习技术可以对大量的遥感数据进行自动化处理，节省人力成本和时间成本。与传统的基于规则或特征提取的方法相比，深度学习可以自动学习图像中的特征和模式，大大减少了人工干预和参数调整的工作量。

（2）鲁棒性。深度学习模型可以通过大规模的训练数据和迭代优化，获得更强的鲁棒性和泛化能力。即使在遥感图像中存在光照变化、云层遮挡、噪声等干扰因素，深度学习模型也能够适应并具有很好的表现。

（3）精度高。深度学习技术在遥感地物提取方面可以获得更高的精度。与传统的方法相比，深度学习可以更准确地检测和分类地物，从而获得更高的识别准确率和分类精度。

（4）可扩展性。深度学习模型可以通过增加训练数据、改变网络结构和调整超参数等方法进行扩展和优化，适应不同的遥感图像数据和任务需求。

（5）实时性。深度学习技术可以通过使用卷积神经网络等计算机视觉技术进行实时地物提取，为决策支持、资源管理和环境监测等应用提供及时的数据支持。总之，深度学习技术在遥感地物提取方面具有很大的优势，可以提高地物提取的效率和精度，为遥感应用和环境监测等领域提供更好的支持。

二、展望

遥感技术作为一种非接触式的数据采集和分析方法，已成为农业领域重要的信息获取手段。通过卫星遥感、航空遥感等手段获取农业领域的空间、时间、光谱等多维数据，可以实现对农田作物类型、种植面积、产量、长势、灾害等信息的快速获取与解析。在农业生产中，及时准确地掌握农作物的生长状态和生产情况，对于科学合理的生产管理和决策具有重要意义。

农作物遥感识别是农业遥感中的核心之一。准确地识别农田中的农作物类型和种植面积，是实现精准农业和精细管理的基础和前提。近年来，随着遥感技术和算法的不断发展，农作物遥感识别的精度和效率得到了显著提高。基于深度学习的遥感图像分类方法在农作物遥感识别中取得了重要进展，其高准确性和鲁棒性使其成为当前农作物遥感识别的主流方法。此外，基于遥感的作物单产估算也是农业遥感研究的重要内容之一。通过利用遥感数据和地面观测数据，结合作物生长模型和统计方法，可以实现对大区域尺度的作物生产情况进行估算和预测，为农业决策提供重要支持。然而，作物单产估算的精度和可靠性受到多种因素的影响，如遥感数据质量、地面观测数据质量、作物生长模型的适用性等，需要综合考虑和优化。因此，进一步改进遥感数据处理方式和作物生长模型，提高作物单产估算的精度和可靠性，是当前农业遥感研究的重要方向之一。

根据研究的方向以及研究现状，针对农作物遥感识别和作物产量估计作出以下展望。

（一）遥感技术将更加精细化和自动化

随着遥感技术的不断发展和普及，特别是高分辨率卫星、无人机和机载传感器的应用，作物面积监测将越来越精细化和自动化，同时也能够更好地应对气候变化和自然灾害等因素的影响，为作物产量估测提供更加准确的初始数据。

（二）数据源更加多样化

除了遥感数据外，未来可能会加入更多的数据源，如气象数据、土壤数据、地形数据等，从而提高农作物遥感识别和作物产量估计的精度和可靠性。

（三）人工智能将发挥更大作用

通过结合人工智能技术，可以更好地利用遥感数据和其他农业数据，以提高作物面积监测的准确性和效率。例如，通过机器学习算法对遥感图像进行分类，可以自动识别和监测不同类型的作物；通过深度学习算法提高农作物遥感识别和作物产量估计精度；通过人工智能自动获取的产量估测相关的数据进行模型的输入，从而得出产量估测的结果。

（四）精准农业将得到更广泛的应用

作物面积监测将成为实现精准农业的重要基础，通过对不同地块作物的监测和分析，可以更加精细化地管理和优化农业生产过程，实现农业生产的可持续发展。

（五）农业数据共享和开放将得到推广

随着政府和农业企业对农业数据的共享和开放，作物面积监测将得到更广泛的应用和发展，同时也能够促进农业产业的数字化和智能化。随着全球农业的发展和食品安全的重视，农作物遥感识别和作物产量估计技术将得到全球化的推广应用。

（六）多领域合作将得到增强

作物面积监测和产量估测是一项涉及多领域的任务，需要农业、遥感、地理信息等多个领域的专业知识和技术支持。因此，不同领域之间的合作将得到增强，以更好地推动作物面积监测和产量估测的发展和应用。